博物学の時間

大自然に学ぶサイエンス

青木淳一［著］

東京大学出版会

A Return to Natural History
Jun-ichi AOKI
University of Tokyo Press, 2013
ISBN 978-4-13-063338-3

はじめに

自然界に存在する動物、植物、鉱物などに対する人間の興味は古い時代からあった。古代ギリシャや古代ローマではそれらの知識を整理した書物がアリストテレスやプリニウスによって著されている。その後、大航海時代がやってきてヨーロッパ諸国が自分たちの植民地などに出かけてめずらしい動植物や鉱物を採集して持ち帰り、それを分類・記載する学問である natural history（博物学）が発達してきた。東洋では少し事情が異なり、自然界の植物のなかから薬草を探し出すことに関心が向けられて本草学が発達し、一七五八年に中国で編纂された『本草綱目』という書物が日本にも移入され、それが博物学の芽生えとなり、後にヨーロッパ生まれの natural history と合流していくことになる。

いまやその博物学は過去の学問とされることもあり、すでに学問としては残っていないとか、すでに使命を終えた学問であるなどといわれることもある。しかし、考えてみると、博物学の中身はかつての動物学、植物学、鉱物学、地質学を合わせたものである。これらの学問が近代科学として格段の進歩を遂げたいまもなお、そのなかにはこれらの学問の基礎的な研究が土台または芯となって依然として残っていることに気づく。その分野の研究者は少ないながらも大学や博物館におり、細々と、しかし熱心に研究活動を行っているし、その博物学的研究を目指す学生たちの教育も行っている。

博物学の研究には特別な大型機械などは必要ないし、お金もかからない。したがって、青少年にも、専門家でない人たちにも、退職後の高齢者たちにも研究の門戸が開かれている。そしてまた、これらの人たちによる研究が博物学の進歩に貢献した例はいくらもある。科学者の卵である子どもたちも、最初のきっかけは博物学的興味から入っていくことが多い。さらに、仕事以外の楽しみとして、博物学の世界にはまり込んでいる人たちも多い。だからといって、博物学を学問ではないというのはあたらない。みんなで育て上げることができる学問なのである。

博物学、いま忘れられかけている懐かしくも心ときめく学問。一八世紀のリンネの時代から綿々と受け継がれてきた自然を相手にした科学。それは世の中がいかに進歩して新しい科学の分野が台頭してこようとも、その土台となり、それ自体も厳然と存在し、積み重ねられ、未来の殿堂としての姿を形づくっていくべきものであろう。

自然界に存在する植物、動物、岩石、鉱物の美しさに魅せられ、野に山に、川や海に向かった研究者たちは、目を輝かせ、心踊らされてさまよい歩く。その探索の対象物は人間の生活に役立つわけでもなく、金もうけの対象になるわけでもなく、ただただ人を感動させ、この地球上に生を受けたことに感謝の念を捧げさせる。

博物学、それは「自然愛」にほかならない。本書はその復活を心から願って書かれたものである。

博物学の時間／目次

はじめに

博物学の時間

第1章——博物学を楽しむ——大自然に学ぶサイエンス

1　博物学とは

冒頭から「博物学」という古臭い言葉が出てきた。博物学などというものは、すでに消滅した過去の学問だと感じている人も多いだろう。しかし、今流にいいなおせば「自然史」のことである。自然史といいなおしてみても、一般にはさらにわかりにくい言葉になってしまう。「史」という語が、われわれ日本人にはどうしても「歴史」という意味を想起させるからである。したがって、自然史は自然の歴史、すなわち生物の化石や進化などに関する学問かと思ってしまう。まず、「自然史」という語について、述べておく必要がある。

「自然史」の「史」には本来地球上で起こった大小さまざまなことを観察し、「書きとどめておく」

という意味がある。人間界で起こったことを書きとどめるのが「歴史」であり、自然界に存在するものを書きとどめておくのが「自然史」と考えてもよいだろう。書きとどめるという意味からすれば、「自然誌」という語のほうが適切で、私は好きなのだが、世の中の趨勢は「自然史」のほうを使用する傾向にある。外国での表現をみると、ラテン語では naturalis historia ——英語では natural history ——ドイツ語では Naturgeschichte ——フランス語では histoire naturelle である。これを日本では自然史（または自然誌）と翻訳したのである。しかし、上述したように、日本人の「史」という字に対する固定観念からすれば、この翻訳は感心できない。そんな難解で、一般に理解しにくい言葉を使うよりも、昔からある「博物学」でよいではないか。多少古臭い響きがあっても、このほうが一般にはすぐに、まちがいなく理解される。現に、博物学の中身そのものを展示しているところを、なんら躊躇なく「博物館」と呼んでいるではないか。それでよいのだ。この際、「博物学」や「博物学者」という言葉を復活させたらよいと思う。生理学だって、遺伝学だって、昔に比べればその中身はすっかり変わっているが、呼称は変えていない。博物学、また然りである。本書では、博物学、自然史、自然誌、ナチュラルヒストリーの四つを同義語として扱い、名実ともに「博物学」を復活させたい。

2 博物学の楽しさ

研究は楽しい。だからこそ、経済的に恵まれなくとも、研究者は長年研究に打ち込むことができる。科学のどの分野においても、それぞれの研究者は努力もするが、楽しんでもいる。しかし、自然科学、とくに博物学の分野の研究者ほど仕事を楽しんでいる研究者はいないと思う。なかには、こんなに楽しい仕事をして給料をもらってよいのかという罪悪感すらもつ人もいるかもしれない。仕事を楽しんで、なにも悪いことはない。わが国においては、苦しんでやった仕事は高く評価されるが、楽しんでやった仕事はあまり評価されない。じつは仕事は楽しんでやったほうが、疲労も少なく効率もよく、はるかに大きな成果が得られるものなのである。話は飛躍するが、日本のスポーツ選手も、外国人選手のようにもっと楽しんで競技に参加すれば、もっとよい成果が得られるのになあ、と思ってしまう。

私も採集や調査に出かける準備をしているときは、楽しみで心がいっぱいである。調査地の地図をそろえ、採集道具を点検する。普通の旅行者の場合と違って、持ち物は多くなる。できるだけ小さく軽くなるように工夫を凝らす。現場へ到着したときには期待が大きくふくらんでいる。もちろん、採集調査の目的は決めてあるが、見知らぬ自然のなかに入り込んだからには、なにが出てくるかわからない。むしろ、この期待のほうが大きい。同業の研究者がいないために、私は一人で出かけることが多い。それで、調査中はいつもひとりごとをいっている。「なんだ、こりゃあ?」「とうとう、みつけたぞ!」「よーし、もう少しがんばってみよう」など、自然のなかに身を置いた幸せに酔いしれながら、歩いていく。もう、四〇年も前になるか、一人で屋久島へ出かけたことがあった。そのときに、当時勤務していた国立科学博物館の同僚に出した絵手紙がある(図1)。絵の右下に「小生　野外へ

図 1　屋久島宮之浦岳での単独調査中（1974 年）に当時の勤務先の国立科学博物館の同僚に出した絵手紙。（青木，1983）

出ると　みちがえるほど元気になるのであります」と記してある。私の気分の高まりをわかっていただけるだろうか。

もちろん、大勢で調査隊を組んで調査に出ることも多い。ある地域の総合調査では、何人もの専門の違う研究者を集めて行う必要がある。駅や空港に集合した研究者たちは一様に薄汚い恰好をしている。着古したシャツにズボン、ポケットがたくさんついた着なれたよれよれのチョッキ、足元だけは本格的な登山靴、それにそれぞれに特異な得物を手にしている。異様な集団だが、みんな顔を輝かせている。これからの探索、収穫物、標本の整理、学会への発表のことまでが頭に浮かび、博物学者の心を弾ませているのである。

3　役に立たない博物学の意義

博物学を学問として認めたがらない人たちは、博物学は趣味の延長だという。たしかに、博物学者になった人は、子どものころからある物事に対する強い興味をそのまま持ち続け、それをそのまま職業にしてしまった人が多い。少年時代の虫採りが高じて昆虫学者になったり、化石を探すのが得意な子どもが後に古生物学者や地質学者になった例もある。しかし、きっかけは趣味であっても、それをプロの仕事としてやり遂げていくためには、お遊びではすまない。楽しさは保ちながらも相当の努力が必要である。

　また、博物学は世のため人のために役立っていないという人もいる。いわゆる応用科学に携わっている研究者たちは、最初から世の中に役立つ研究を心がけている。機械工学、ロボット工学、建築学、農業土木学、作物学、害虫学、さらに広い意味で公衆衛生学、医学も応用科学に入る。ところが、博物学といったら人間生活のどこに役立つのだろう。世の中の役には立ちそうもない。いや、初めから役に立とうなどとは、考えていないのである。博物学を含めて純粋科学の分野の研究者は、ただわかっていないことを究明することに情熱を燃やすだけである。とくに博物学の分野は相手が大自然である。広大な森林、草原、湖沼、川、海のなかには、なにが潜んでいるのか、わからないことだらけである。いくら研究しても、神秘に満ち満ちた果てしない世界がある。

　この地球上にあって、自然界の謎を解き明かさずにはいられないという衝動に駆られている生物は、まさにヒト、ホモ・サピエンスのみであり、それこそヒトがヒトたるゆえんである。応用科学者と博物学者では、研究を行うモチベーションがまったく違うのである。役に立ちそうもない研究を続けている博物学者は大学、研究所、博物館などにいる。人間生活に直接役立たないから、お金にはならないので、国立や県立の機関に多い。それらの研究の成果は、国家の知的財産として蓄えられていく。もし、人類が生活するためだけに生きているなら、ほかの動物となんら変わりない。「知るために生きること」こそ、人類だけの特色である。博物学は、この人類の根源的な欲求に応えなければならないのである。

ここでもう一つ重要なことは、役に立たない研究から予想もしなかった有用な成果が引き出されることがある。私が、大学院に進んできた学生によくいったことは、「最初から役に立つと思って始めた研究は、実際に少し（またはかなり）役に立つ成果に結びつく。しかし、役に立たないとわかっていながら行った研究は、ほんとうに役に立たないか、ときとしてものすごい発見や進歩に結びつくことがある」ということである。博物学にいそしむ世の研究者たちよ、世の中に対して引け目など感じずに、はずかしがらずに、思いっきり自分の研究に打ち込んでほしい。

4　日本の自然

二〇一二年の正月、私としてはめずらしく家内同伴でスペインへ旅をした。わずか一〇日間であったが、スペインのバルセロナから始まって、クエンカ、マドリード、トレド、バレンシア、グラナダ、マラガ、ゴルドバ、セビーリャとバスに乗ってスペインの東部、中部、南部、西部を走り抜けた。その間、窓の外にみえたものは、どこまでも続く平坦で乾燥した土地と、一面のオリーブ畑であった。日本の平地にみられる雑木林やこんもりとした森はまったくといってよいほど目に入らない。たまにヒョロヒョロとした松が生えているくらいである。湖沼や河川もきわめて少ない。日本だったら、海岸沿いに走れば海に流れ込む川が何本もあって、いくつもの橋を渡ることになるが、スペインで橋を渡った記憶はまことに少ない。

私が訪ねた外国は数多くはないが、いつも日本に帰国してまず感じることはつぎの四つである。すなわち、①日本はなんと緑の豊かな国であろうか。②日本はなんと水の多い国であろうか。③日本の食事はなんと多種多様で、変化に富んでいることだろうか。④日本の街（家並み）はなんと汚らしいことか、である。④は直接本論に関係ない。しかし、①、②、③はわれわれ日本人が日本であたりまえだと思っていることであるが、外国ではどこでもけっしてあたりまえではないのである。日本は世界でもまれな水と緑に恵まれた「美し（うまし）国秋津島」であり、「豊葦原の瑞穂の国」なのである（図2）。

わが国では森を伐採しても、温暖な気候と豊かな水のおかげで、たちまちにして緑がよみがえってくる。もう二〇年も前になるが、ボルネオの熱帯雨林で生物調査をしたことがあった。そこには日本ではみられないような高木からなる原生林が広がっていたが、あちこちで大規模な伐採が行われていた。その伐採の一部は焼き畑のためであった。皆伐したところに火を放ち、地表に灰がたまったところに最初の年は陸稲を栽培し、二年目はトウモロコシをつくると、それでもうその土地が栽培に適さなくなって捨てられてしまう。畑として使用しなくなった土地は、どうなるか。しばらく経つとそれはチガヤの草原になる。しかし、何年経ってもなかなか樹木が生えてこない。その後は低木の茂みの時期が長いこと続く。日本であったら、伐採した後にはたちまち森が回復してきて、二〇年も経てば見かけ上はもとの森と変わらない状態になってしまう。逆のいい方をすれば、裸地や草原の状態を維

図 2　「島の国、日本」「森の国、日本」。上：サンゴ礁の海岸（与論島）。下：照葉樹林の樹海（沖縄島西銘岳）。

持することのほうがむずかしい。放置しておけばいやでも森になってしまう。「日本は森の国」なのである。だからといって、日本の森はやたらに伐採してもかまわないというわけではない。伐採によって「かけがえのない自然の命がすべて失われてしまう」といういい方がすべての環境にあてはまることでもない。世界のほかの乾燥地、寒冷地、熱帯に比べれば、日本の森は「自然治癒力」がはるかに高いのである。しかし、回復した森はもとの森の姿に完全に戻るわけではない。

植物の話ばかりしたが、相対的に植物に依存している動物は、森が回復すれば動物群集もそれにつれて回復してくる。裸地から始まって、その土地本来の極相林にいたるまでの植生遷移の途上では、動物相もつぎつぎと入れ替わっていく。植生遷移のそれぞれの段階に特色のある動物相が形成されてくる。

日本の国土は狭い。しかし、狭いながらも南北に細長いために亜熱帯、暖温帯、冷温帯、亜寒帯までの四つの気候帯を含み、また山岳が多いために平地、低山帯、山地帯、亜高山帯、高山帯が区別され、しかも多雪の日本海側と少雪の太平洋側の気候が違う。川、沼、湖、滝などの水系にも恵まれる。海に囲まれ、多くの島々を抱えている。そこには当然のことながら豊かで多様性の高い生物群集がみられる（堀越・青木、一九九六）。昆虫を例にとっても、日本には二〇四種のトンボが生息するが（環境庁自然保護局野生生物課、一九九五）、イギリスでは六〇種、ヨーロッパ全体でも一〇〇種ほどしかいない。秋津島とは日本国の異名であるが、「あきづ」とはトンボのことである。セミも三二種も生息する。しかも、ヒグラシやツクツクボウシのように、外国からきたセミの専門家が鳥の声と聞き違えたほどメロディー豊かに歌うセミがいる。秋に鳴く虫も多様である。だいたいにおいて、虫の鳴き声を愛でる国は日本ぐらいのものであろう。最近の都会では外来種のアオマツムシのうるさいばかりの騒音にかき消されて日本土着のコオロギ、マツムシ、スズムシ、カンタンなどのか細くも美しい声が聞こえなくなったのが悲しい。このような日本の多様な自然と生き物は、四季の移り変わりとともに日本人の豊かな感性、細やかな心情を育んできたに違いない。

このように複雑で美しい日本の自然は、日本人の食生活にも大きな影響を与えている。海や川から獲れる魚介類の種類の多さは驚くべきものである。肉食の国では、材料はビーフ、ポーク、チキンの三種類が主体となるが、魚食の国日本では素材となる魚の種類だけでも数えきれない。魚好きの私としては、旅をするたびに魚市場をのぞくのをこのうえない楽しみにしている。魚介に山菜やキノコをも含め、種類ごとに発達してきた料理はまさに芸術品といえる。「食べること」「文字を書くこと」など、生活のなかで行われること自体が芸術の域にまで達していることを日本人は大いに誇りに思ってよいと思う。一方、豊かで多様な自然によって、これほどまでに高度な感性を備えた日本人が、自分たちの住む街並みを、なぜこうも汚らしいままに放置しておくのか、私にはどうしても理解できない。

日本は島国といわれるが、国土のすべてが島からなっている（本州も島である）。後に「島の生物」のところでもくわしく述べるが、島の定義は、「自然に形成された陸地であって、水に囲まれ、高潮時においても水面上にあるもの」で、なおかつ「オーストラリアよりも小さく、周囲が〇・一キロ以上あるもの」ということになっている。この定義にしたがえば、わが国は六八五二個の島々からなっていることになる（日本離島センター、一九九八）。聞いてびっくりである。このなかには、琉球列島の島々の多くのように、いつかの時期に大陸とつながったことのある大陸島と、小笠原諸島や大東諸島のように一度も大陸とつながったことのない海洋島がある。大陸島の場合には寒冷な氷河期に海面が低くなったときに何度か大陸とつながり、多くの動植物が陸橋を渡って侵入した。そして間氷期で海面が高くなったときに隔離され、さまざまに種を分化させていった。海洋島の場合には、島ができた当初はなにもいなかった島へ、はるばる海を越えて風に乗り、流木に乗って流され、鳥に運ばれ、ときには船に運ばれた生物が島に到着し、一部のものはそこに定着していった。そのようにして到達できた生物はけっして多くはないが、長い年月の隔離によってきわめて特化した特殊な生物に進化している場合が多い。北海道、本州、四国、九州などの大きな島以外の数多くの小さい島々は、博物学の研究場所としてたいへん興味深い。私もその魅力に取りつかれ、自分の研究材料であるササラダニ類や甲虫類を求めて島めぐりを続けている。とくに、日本の亜熱帯域に属する琉球列島はまことに魅力的な地域であり、島の位置、大きさ、高さ、成因（火山島か隆起石灰岩か）などによって、それぞれに独特な生物相を擁している。世界的にみても、日本の亜熱帯の島々はもっとも生物多様性の高い地域といってもよいと考えている。生物地理学的にみると、渡瀬庄三郎が指摘した「渡瀬線」が奄美大島の北方、トカラ列島の悪石島と小宝島の間に引かれており、多くの生物群で旧北区系の種の南限になっているし、蜂須賀正氏が提唱した「蜂須賀線」が沖縄諸島と八重山諸島の間に引かれ、動物地理区の旧北区と東洋区の境界となっている。私も三〇年を費やした土壌性のダニ類の分布調査によって、この二本の境界線の重要性に気づかされている（青木、二〇〇九ａ）。

以上に述べてきたように、日本の豊かで多様性に富んだ自然は博物学の研究の場としてこのうえなく魅力的であるばかりでなく、自然のなかで遊ぶ子どもたち、釣りを楽しむ大人たち、山菜やキノコを探す高齢者たち、趣味で植物や動物とかかわる人たちにとってパラダイスであり、この国に生まれたことに心から感謝しなくてはならない。

第2章——名前をつける——生物のラベリング

1 生物の呼び名

世の中のほとんどすべてのものに名前があるように、生物にはすべて（と思われているだけだが）名前がつけられている。身のまわりの動植物を採集し、食料として、衣服や薬として利用できるものには昔から名前がつけられていた。また、利用できなくとも、その姿や鳴き声を愛で、楽しむためにも、名前が必要であった。私がボルネオの熱帯雨林のなかに二カ月ほど滞在したとき、案内してくれたインドネシア人が、道端の植物をつぎつぎと指さして、食べると美味しいもの、ハチに刺されたときに葉をもんでつけるとよいもの、背負った荷物のひもが切れたときに補修するのによい蔓植物など、じつに多くの植物の名をその用途とともに教えてくれた。また、ニューギニアの山地では、そこに産する一三八種の鳥のうち、一三七種に現地語で名前がつけられているという。このようにして、ヒトは自分たちの生活に役立つ生き物、関心のある生き物に名前をつけてきた。しかし、ひとくちに「名前」といっても、それは国により、地方により違うし、使う目的によっても違ってくる。いま、それを少し整理してみることにする。なお、動物の名前の由来や語源について書いた本（江副、二〇一一、中村、一九九八）や虫・貝・魚に限っているが名前に関するいろいろなエピソードを綴った本がある（青木・奥谷・松浦、二〇〇二）。

土俗名

上にあげたニューギニアの鳥の名前は現地の人たちが呼び習わしている名前で、これらの名前はそれぞれの土地の言葉であり、土俗名・通俗名（venacular names）または一般名（common names）と呼ばれている。たとえば、日本語のカラスは英語でcrow——ドイツ語でKrähe——フランス語でcorneille——日本語のクジャクは英語でpeacock——ドイツ語でPfau——フランス語でpaonと呼ばれるが、これらの日本語、英語、ドイツ語、フランス語の名前はすべて土俗名である。したがって、以下に述べる学名を除いて、普段使われているほとんどの動植物名は土俗名と考えてよく、かなりの部分が和名（後述）と重なっている。たとえば、ヒトの血を吸うブユは、ブユ、ブヨ、ブトと呼ばれるが、これらはすべて土俗名であり、そのなかのブユが和名として選ばれているのである。

漢字名

上記の土俗名は最近では一般にカタカナで表記されることが多いが、以前は漢字で書かれることが普通であったし、いまでも小説、詩、俳句では漢字表記が普通である。しかし、熊蜂（クマバチ）、紋白蝶（モンシロチョウ）、鍬形虫（クワガタムシ）などは読めるが、胡蜂（スズメバチ）、瓢虫（テントウムシ）、天牛（カミキリムシ）、蜚蠊（ゴキブリ）などになると、読める人が少ない。常用漢字にない字であったり、当て字だったりするからである。それでも漢字表記のよいところは、その名前がなにに由来するのか、どうしてそういう名がつけられたのかが理解できることである。たとえば、クサガメは臭亀（臭いにおいを出すカメ）と書き、草亀ではないこと、ハシブトガラスは嘴太烏（くちばしが太いカラス）であって、端太烏や橋太烏ではないこと、ハナサキガニは花咲蟹（花咲半島で獲れるカニ）であって、鼻先蟹ではないことがわかる。昔出版された動物図鑑や昆虫図鑑には必ず漢字名が記載してあって、その漢字表記をみて「ああ、なるほど」と納得したものである。ウグイスの例をみると、二〇種もの漢字表記があることがわかる（表1）。私の著書『土壌動物学』（北隆館）の末尾の索引には、必ず漢字名が表記してある。

地方名（方言）

同じ日本国内でも、同じ生物が地方によって異なる名で呼ばれていることが多い。人間の食べ物と

表1　索引に「漢字書き」を入れた書物もある。上：『日本動物図鑑』（北隆館）。下：『土壌動物学』（北隆館）の索引の一部。

ウ

ウ……………………………59　鵜、鸕鷀、水烏、水老鴉
古名（しまつどり島津鳥）

ウオビル………………………1600　ウチ――、魚蛭

ウキゴリ………………………446　浮鮴

ウキビシガイ…………………1460　――カヒ、浮菱貝

ウグイ…………………………294　【1699. 1703】ウグヒ、鯎、石斑魚
一名（あかはら、くき）古名（いぐひ）

ウグイス………………………155　【50】ウグヒス、鶯、鸎、黄鶯、黄鳥、黄袍、黄鸝、倉庚、鶬鶊、鵹黄、楚雀、博黍、春鳥、惜春鳥、報春鳥、傳春鳥、黄伯勞、金衣鳥、金衣公子、江樹歌童、紫鶴鴿、一名（うたよみどり歌詠鳥、きやうよみどり經讀鳥、とどめどり禁鳥、にほひどり匂鳥、はなみどり花見鳥、はるつげどり春告鳥）

ウグイスガイ…………………1275　ウグヒスガヒ、鶯貝

カネコトタテグモ科（金子螲蟷科，金子戸立蜘蛛科）〔学〕Antrodiaetidae〔英〕folding-door spiders〔位〕クモ目　*194*，385

カバイロコメツキ属（蒲色叩頭虫属）〔学〕*Agriotes*〔位〕甲虫目・コメツキムシ科

カバエ科（蚊蠅科）〔学〕Phryneidae〔位〕昆虫綱・ハエ目　262

カビ（黴）糸状菌の俗称　424

カブトダニ科（兜蜱科）〔学〕Oribatellidae〔位〕ダニ目・ササラダニ亜目　183

カブトダニモドキ属（擬兜蜱属）〔学〕*Anachipteria*〔位〕ササラダニ亜目・ツノバネダニ科

カブトムシ（兜虫）〔学〕*Allomyrina dichotoma*〔英〕Japanese rhinoceros beetle〔位〕昆虫

して利用できるもの、人間生活に害を及ぼすもの、美しく可愛らしいものなど関心の深い生物には地方名が多い。とくに魚には地方名が多く、クロダイはカイズ、カワダイ、キビレ、チヌ、チンチンなどとも呼ばれ、アユはアア、アイ、アイナゴ、シロイオ、ヒウオ、ヤジなどともいわれる。沖縄へ行くと、ほとんどの魚が沖縄名で呼ばれている。以下に示す名のカッコ内が沖縄名である。ハマフエフキ（タマン）、タカサゴ（グルクン）、ユカタハタ（アカミーバイ）、テングハギ（チヌマン）、シマアジ（ガーラ）、シイラ（マンビキ）という具合である。したがって、沖縄の料理屋に入るとき、魚好きな人はぜひとも地方名を覚えていかないとだめである。沖縄県農林水産部で出している大きな一枚紙の「沖縄のさかな」は、よそ者が沖縄の魚の呼び名を覚えるのにはたいへん便利な図集（ポスター）である（図3）。食べ物ではなくとも、なじみ深い生き物にも地方名が多い。いまの子どもたちにはなじみが薄くなってしまったが、私たちが子どものころは大木の根際や塀の下部に袋状の巣をつくるジグモは格好の遊び相手だった。それぞれの地方で子どもたちが勝手につけた名前だろうと思うが、全国に一〇〇以上のたくさんの地方名がある（図4）。もっとも大部な書籍として『全国方言集覧　全一四巻』（太平洋資源開発研究所、二〇〇〇-二〇〇五）というのがあり、北海道／東北編、東海編、近畿／北陸編、中国／四国編、九州／沖縄編に分かれ、多くの動植物の方言が県郡町別に集められていて、たいへん参考になる。

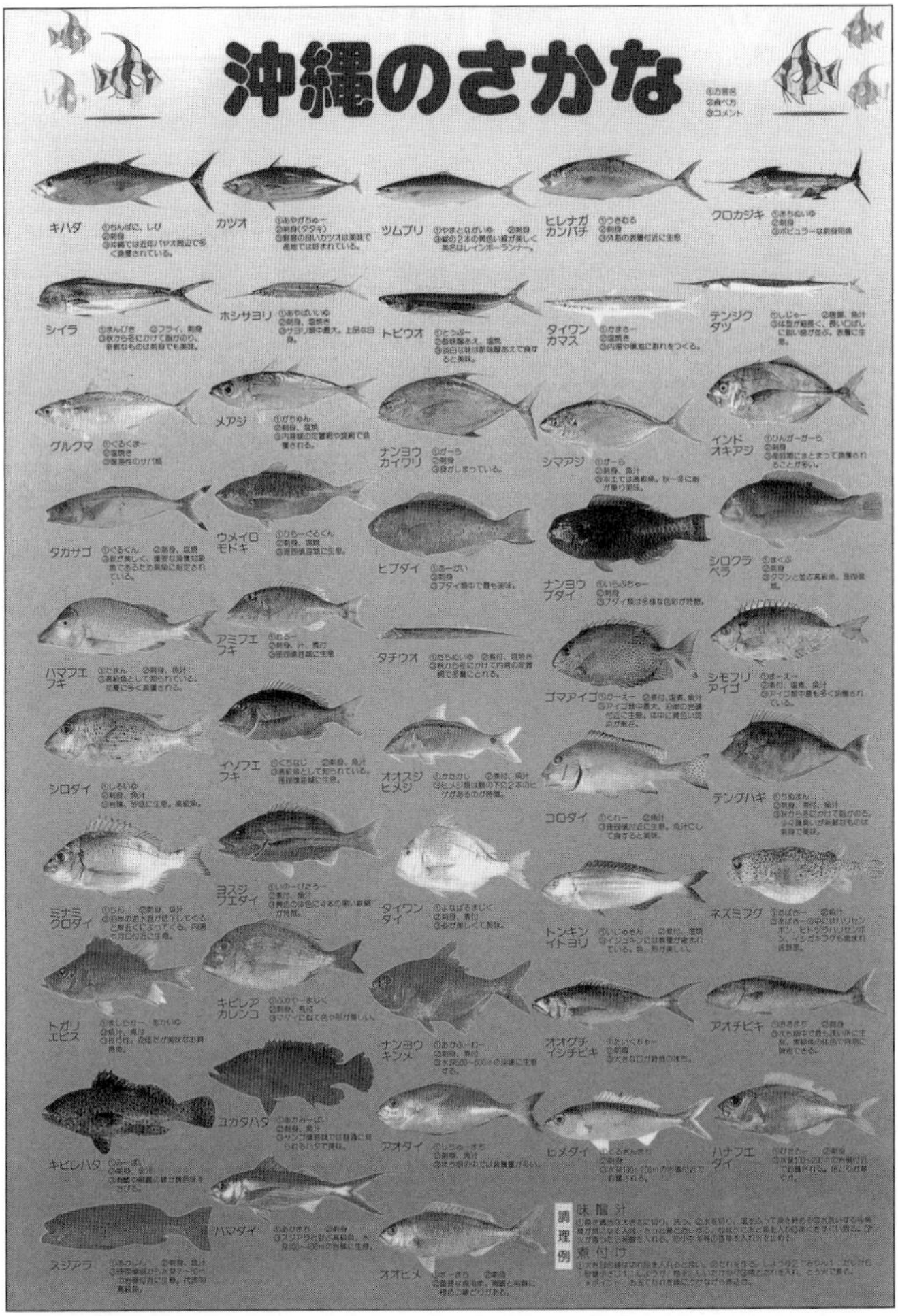

図 3　「沖縄のさかな」のポスター。沖縄の人たちがよく食べる魚について、和名とともに地方名が併記されている。(沖縄県農林水産部水産課)

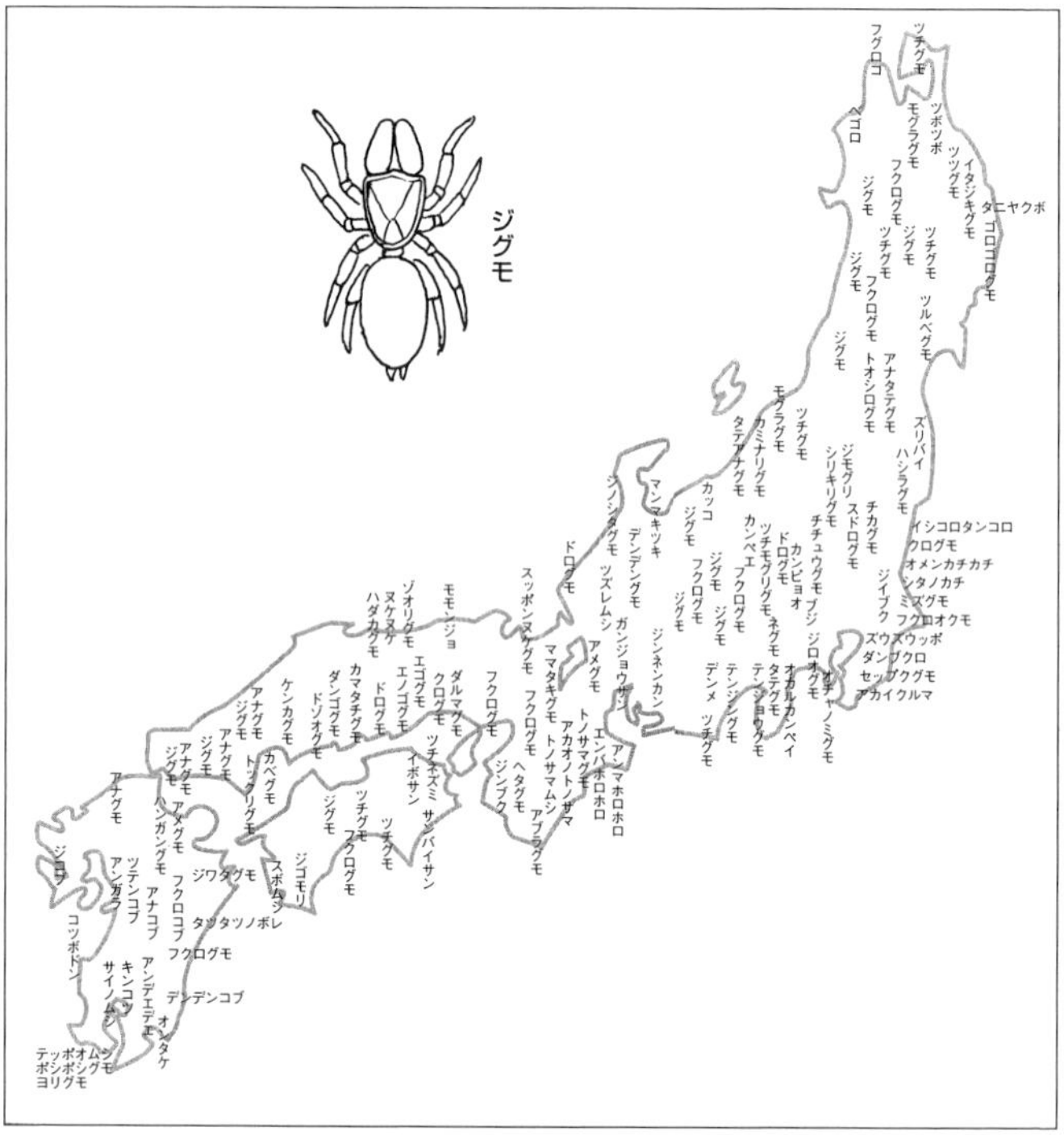

図 4　ジグモの地方名（方言）分布図。（長尾，1965 を改変）

類名・総称

ここで注意しなければならないのは、動植物の土俗名や地方名はそれぞれ一つの種に対応しているとは限らないということである。むしろ、いくつかの種をまとめたもの（グループ）につけられていることのほうが多い。たとえば鳥では、ウグイス、スズメ、ムクドリなどは種名であって、それぞれ一つの種に該当するが、カラス、ツルなどという種はいない。つまり、「ただのカラス、ただのツル」という種はおらず、カラスはハシブトガラス、ハシボソガラスなどをまとめた総称であり、ツルはアネハヅル、クロヅル、タンチョウ、ナベヅルなどを一括した類名である。タイの場合はちょっとむずかしい。タイはタイ、クロダイ、チダイ、キダイなどタイ科の魚の総称であるが、ただのタイという種もある。そこで、種としてのタイと総称としてのタイを区別するため、種としてのタイは「マダイ」（真のタイという意味）と呼ぶことにしたのである。マイワシ、マフグ、マダラなども同様にしてつけられた名前である。

幼名

動物のなかには成体と幼体が著しく姿形を異にするものも多い。そのような場合、幼体には成体の名とは別に幼名がつけられている。鳥獣ではあまり例がなく、イノシシの幼獣をウリボウ、ニワトリのひなをヒヨコというくらいである。両生類ではカエルの子はオタマジャクシと呼ばれる。魚では出世魚として知られるものがあり、成長とともにワカシ、イナダ、ワラサ、ブリの順に、またオボコ、イナ、ボラ、トドの順に名を変えていく。昆虫類になるときわめて多く、とくに親子がまったく姿の違う完全変態類の昆虫では、農作物や樹木の害虫になるズイムシ（ニカメイガの幼虫）、ヨトウムシ（ヨトウガの幼虫）、テンマクケムシ（オビカレハの幼虫）、シラガタロウ（クスサンの幼虫）、魚の餌になるエビヅルノムシ（ブドウスカシバの幼虫）、アカムシ（ユスリカの幼虫）、そのほかにも、ヤゴ（トンボの幼虫）、ボウフラ（カの幼虫）、アリジゴク（ウスバカゲロウの幼虫）などたくさんあり、卵に関してもウドンゲノハナ（クサカゲロウの卵）、オジジノフグリ（カマキリの卵嚢）、まゆについても、スカシダワラ（クスサンのまゆ）、ヤマカマス（ウスタビガのまゆ）、スズメノショウベンタゴ（イラガのまゆ）などがある。地方によっては食べ物として利用されるザザムシ（カワゲラ・トビケラの幼虫）、テッポウムシ（カミキリムシの幼虫）もよく知られている（図5）。

和名（標準和名）

以上述べてきたように、動植物の名前は人々がそれぞれの地方で勝手につけてきたものである。そのため、同じ種なのに別種だと誤解したり、違う種なのに同種だと思ってしまったり、一種だと思ったら何種類も含まれていたりすることが起きる。日本中どこでも決まった呼び名、共通の名前があると都合がよい。そこで、和名（標準和名ともいう）が登場したわけである。和名は主として「種」に対応してつけられている。では、どのようにして和名がつくられたかというと、その生物群の専門家

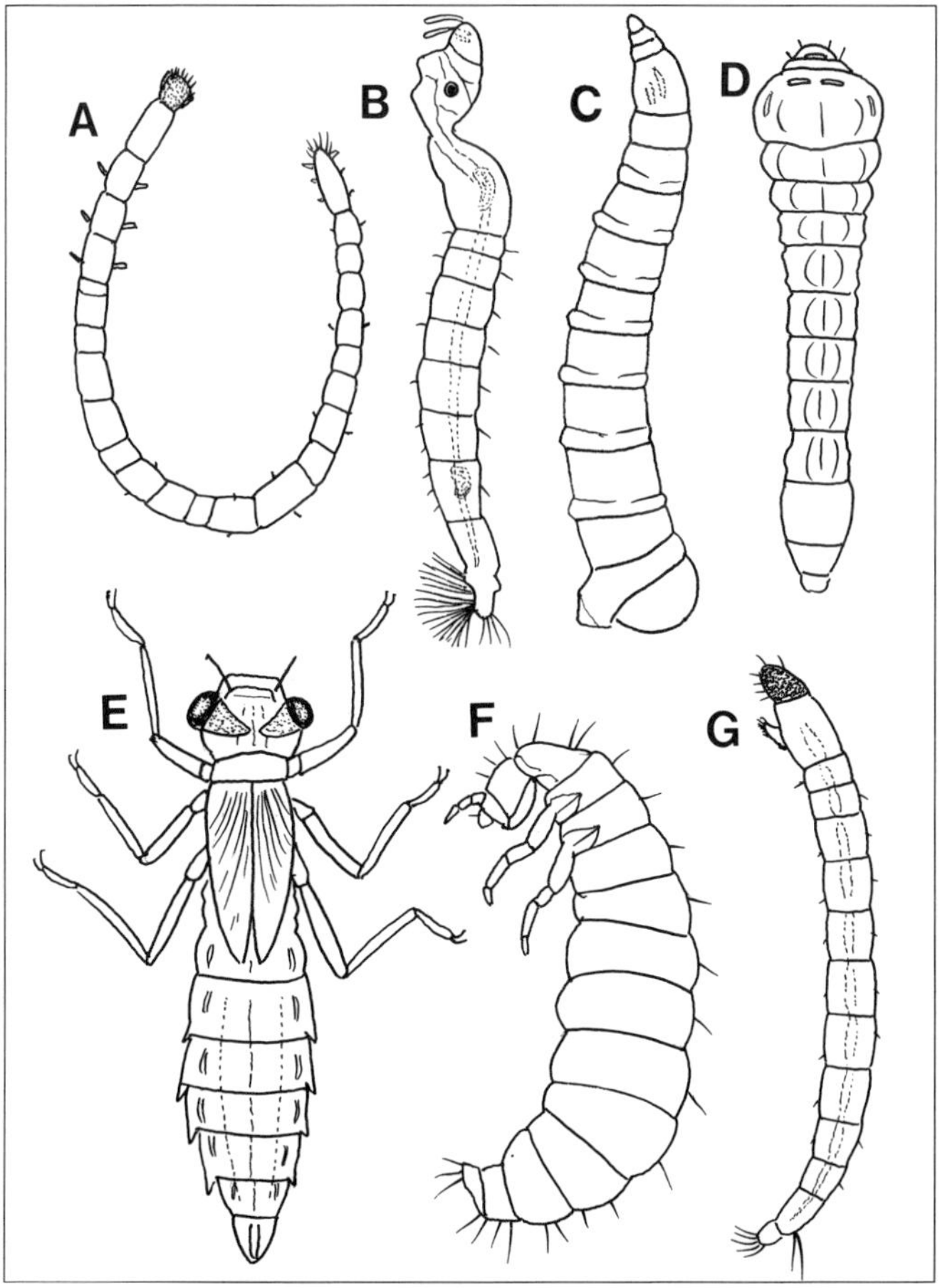

図5　昆虫の幼虫につけられた名前。カッコ内は成虫名。A：ハリガネムシ（コメツキムシ）。B：ボウフラ（カ）。C：サシ（ハエ）。D：テッポウムシ（カミキリムシ）。E：ヤゴ（トンボ）。F：ザザムシ（トビケラなど）。G：アカムシ（ユスリカ）。

が論文や図鑑などに使用した名が和名として採用され、教科書、辞典、新聞、ラジオ、テレビなどで用いられるようになっていったのである。すべてではないが、ある動物群では学会のなかに和名に関する委員会ができ、混乱している日本語の名前を整理し、きちんと標準和名を提案しているところもある。

たとえば、ハリセンボン、イラフグ、ハリブタ、ハリオ、アバス、アバサーはすべて一種の魚を指す名であるが、ハリセンボンが和名で、残りの名はすべて土俗名または地方名（方言）である。和名を決めることにより、少なくとも日本国内では共通語として、一つの名が一つの種を指し示すことが合意されていることになる。この考えを外国にまで広げ、国際的に種を特定できる名としたものが学名であり、以下の節で述べる。

2　世界共通の名前、学名

日本国内で統一された和名といえども、それはわが国のなかだけで通用するものであって、外国人にはまったく通じない。それぞれの国で使われている生物の呼び名はほかの国ではほとんど通じない。そこで世界共通の名として登場したのがラテン語を用いた学名である。中世ヨーロッパではラテン語が学者の国際語であって、ほとんどの論文がラテン語で書かれていた。いまですら、植物の新種を記載するときには自国語（英語・ドイツ語・フランス語など）のほかにラテン語の記載文をつける必要があるとされている。したがって、生物の名前も早くからラテン語で書かれていた。しかし、最初の生物名はただたんに名づけるだけでなく、どのような姿形をしているか、形態の記載までが含められていた。たとえば、ミツバチのラテン語の名前は Apis pubescens, thorace subgriseo, abdomine fusco, pedis posticis glabris utrinque margine ciliatis――つまり、「毛むくじゃらのハチで、胸は灰色、腹部は暗色、後脚は光沢があって縁に毛の列を生ずるもの」といった具合で、非常に長たらしい。これでは名前として困るので、一七五八年にスウェーデンの生物学者リンネが二つの語を組み合わせる独特な方法を考案した。それが「二名法」と呼ばれるもので、先刻のミツバチの学名は、簡単に *Apis mellifera*（属名＋種小名）として表記された。つまり、記載も含めた長い名から、簡単なキャッチワード（a single catchword）になったわけである。この方法はただちに多くの生物学者によって採用され、世界に広まっていった。

世界共通の生物名としてラテン語の名称が提唱されたわけであるが、だれもが勝手に名前をつけ出したのでは混乱が起きてしまう。それを防ぐためには規約を定める必要があり、国際動物命名規約と国際植物命名規約が誕生した。この両規約は多少の違いはあっても基本的には同様なものである。いま、国際動物命名規約（英語とフランス語で書かれている）のなかからもっとも主要な点を記してみよう。

まず、命名規約で規制されるのは科、属、種の分類群（上科や亜属を含む）に限られる。それより上の分類群（綱、門など）やそれより下の分類群（変種、型など）についてはラテン語でありさえすればとくに規約は関与しない。用語はラテン語といったが、ギリシャ語でもかまわない。科や属の名称は一語であるが、種名は二語、亜種名は三語からなる。その場合、第一語の属名は名詞、それに続く第二語（種小名）や第三語（亜種小名）は形容詞または属格の名詞というように定められている。日本人にとってラテン語で命名しなければならないのはたいへんだなあと思われるかもしれないが、要は名詞と形容詞の勉強さえすれば事足り、むずかしい動詞や作文の勉強はしなくてすむ。ただ面倒なのはラテン語の名詞にはドイツ語同様に「性」があって、属名が男性名詞か女性名詞か中性名詞かによって、それに続く種小名の語尾の形を属名の性と一致させなくてはならない。たとえば、*elongatus*（細長い）という種小名は属名が男性の場合には *elongatus* でよいが、属名が女性の場合は *elongata*——中性の場合は *elongatum* としなければならない。したがって、男性の属に所属していた *elongatus* という種が、研究の結果、別の属に移すべきであることがわかったとき、その属が女性であったなら、*elongatus* は *elongata* というように語尾を変えなければならない。また、属、種、亜種の名は文章の字体と異なる字体（普通はイタリック体）で印刷することになっている（科以上の名は普通の立体）。

よくあることだが、ある一つの種にまちがって二つ以上の名が与えられてしまうことがある。すでに名づけられた種があることを知らずに、同じ種に再度名をつけてしまう場合である。あるいは別種として別々の名前をもった二種がじつは同種であることがわかったという場合もある。このような関係をシノニム（同物異名）という。つまり同じものに二つの違う名がつけられてしまったということである。そのような場合には、命名の年が古いほうの名が先取権を得て採用され、新しい名のほうは消されてしまう。逆に、別々の種に同じ名が与えられてしまうこともある。新種に命名するときに、その名がすでに別の種に使用されていることを知らずに、いま発見した種にその名を使ってしまう場合である。このような関係をホモニム（異物同名）という。つまり、異なるものに同じ名前がつけられてしまった場合である。この場合にも、古く使われたほうが残され、新たに使われたほうの名は消され、それに代わる新しい別の名をつけなければならない。

「せっかくつけた学名が、どうしてしばしば変わるのですか」という質問をよく受けるが、その理由は上に述べたように、所属する属が変わったり、シノニムやホモニムの関係が生じたりするのがおもな原因である。このようなことは、新種を命名記載したりする専門家はもちろん、学名を使用する非専門家でも知っておく必要がある。このほかにも国際動物命名規約には学名に関する規則がこまごまと述べられており、一八八九年に最初の規約が出されて以来たびたび改訂され、一九九九年に出版された第四版が最新のものとなっており、日本語訳（二〇〇五年）も出されている。よほど物好きな人はさっと目を通してみられるのもよいだろう。

3　生物の種数

だれでも知っている、あの嫌われ者のゴキブリ。多くの人は日本にいるのはみな同じゴキブリという一種の虫だと思っている。少し注意深い人は、大きくて黒っぽい奴と、それとは別種らしい小さくて薄い茶色の奴がいることに気づいている。しかし、じつは日本には六一種のゴキブリがいるというと、だれしもびっくりする。台所に入ってくるのはヤマトゴキブリ、クロゴキブリ、チャバネゴキブリ、イエゴキブリ（南日本のみ）の四種だけで、あとの五七種は森のなかで暮らし、家のなかには入ってこないから知られていないのである。テントウムシでも、ナナホシテントウ、トホシテントウ、オオニジュウヤホシテントウのように比較的大型で美しく、背中の星がはっきりしている種はよく知られているが（図6）、小型で体長が二ミリ前後しかなく、体色も黒っぽく、斑紋もはっきりしない種まで入れると、日本産テントウムシは一六二種にも達するのである。

このように、生物の種数は思ったよりもはるかに多いのだが、一般に知られているのが同じグループのなかでも大型なもの、美しいもの、有用なもの、有害なものだけであって、小型で地味で人の生活とあまりかかわりのない種は一般には知られていない。比較的なじみの深い動物群と日本産の種数をカッコ内に示せば、以下のようになる。ネズミ（二三種）、セミ（三二種）、シラミ（三二種）、クワガタムシ（三二種）、カエル（三三種）、コウモリ（四一種）、カ（一〇六種）、ワラジムシ（一四三

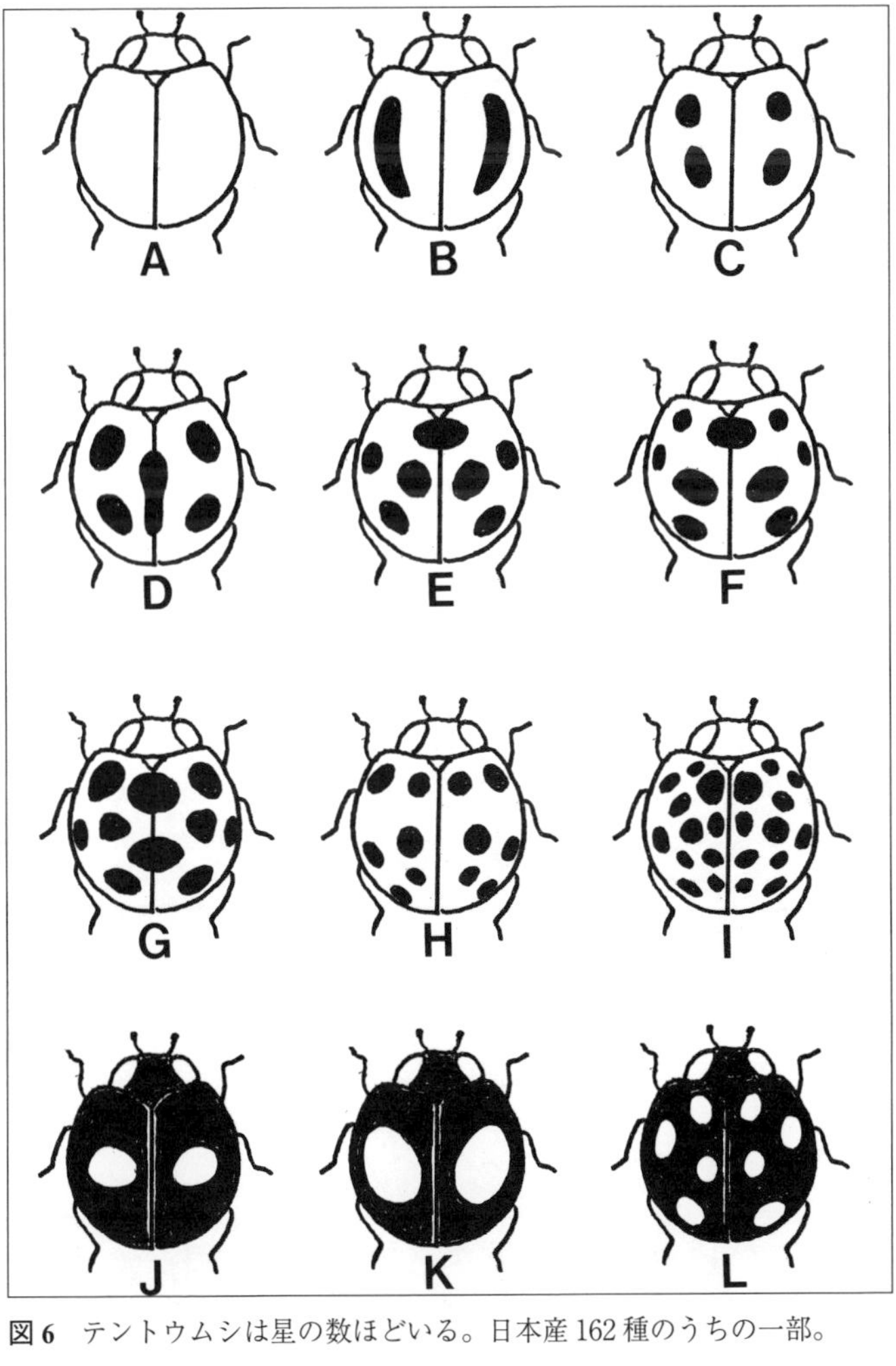

図 6　テントウムシは星の数ほどいる。日本産 162 種のうちの一部。

種）、アリ（一八三三種）、トンボ（二〇三種）、コガネムシ（三五四種）、クモ（一一三四種）、ダニ（一八八四種）、ハチ（四三一九種）、ガ（四九五一種）など。上記の種数は、おそらく読者の推定をはるかに超えた数値になっていないだろうか。このようにして、日本産のすべての生物の種数を合計すると、どのくらいになるだろうか。日本分類学会連合という組織があって、それに加盟しているいくつもの学会の協力を得て調べて集計した結果が二〇〇二年に発表されている。くわしい内訳は省略するが、日本の生物種の総計は約九万種となった。しかし、これは命名され登録された既知種の種数であって、このほかに存在するであろう未知種までは含まれていない。その未知種の数については、まだ推定値が出されていない。なぜなら、未知種の数をどうやってはじき出すのか、方法がわからないからである。ただ、それぞれの動物群の分類学的研究がどのくらい進んでいるかを目安にして推定することは可能かもしれない。たとえば、私が研究してきたササラダニ類は、私が卒業研究を開始したばかりのころには日本産の種数は六種であった。それが五〇年の研究を経て、現在は六六〇種に達している。つまり、種数は一〇〇倍以上になり、五〇年前の種数は現在の種数の〇・九％にしかなっていないことになる。日本にはササラダニ類よりも分類学的研究が進んでいる群もあれば、遅れている群もある。かりにほぼ半々くらいだと仮定すれば、先に示した日本産生物種数は九万種の一〇〇倍になり、合計九〇〇万種はいるだろうということになる。

さて、それでは全世界、つまりこの地球上に生息する生物の種数はどのくらいなのだろうか。日本だけの場合と違って、既知種の数を集計することですら、なおさら困難である。しかし、いくつかの推定値が出されている。既知種数については、一四〇万種（Lean *et al.*, 1990）という数値がもっとも多くの書物に採用されているが、未知種も含めた推定種数は、五〇〇〇万種、八七〇〇万種、三〇〇〇万種、一億種という数値が出されている。海洋研究開発機構の白山義久博士のいうように、海底の泥のなかの線虫などを徹底的に調査すれば、地球上の生物種は一億種を超えるだろうという説を信じるとすれば、名づけられた既知種の割合は実際の生息種数のわずか一・二から一・八％にしかならないということになってしまう。地球上の生物の八割がたはすでに名づけられているのではないかと思い込んでいる一般人の考えから、この予想値はまったくかけ離れていることになるのではないだろうか。

地球上のすべての生物に名前をつけてしまわなければ気がすまないという生物、ヒトの出現はまことに不思議なことであると思ってしまうが、同じようなことを感じている外国人研究者がいて「我々は皆分類学者である。環境の中にパターンを探求し、分類する衝動はヒトの生物学的特性の一部である」と述べている（Wilson, 1999：ウィルソン、二〇〇八）。そして、その目的をほぼ達成するのはいつの日のことか。気が遠くなるような歳月を必要とするであろう。しかし、それゆえに、新しい種を発見して命名していくという博物学者の心ときめく作業は延々と続き、尽きる心配はない。

4　生活のなかの分類学

私たちの生活には多くの生物を材料にしたものが利用されているが、普段名前を呼んで識別しているものが分類上どのようなものかは、あまり意識されない。とくに食べ物に注目してみたい。まず、魚屋に行ってみよう。買い物かごを提げた奥さんがカレイを買おうとしている。札には「カレイ一匹六〇〇円」と書いてあるが、カレイの種名が記されていないことも多い。日本近海で獲れるものだけでも四〇種以上のカレイがある。イシガレイ、マコガレイ、ホシガレイ、アカガレイ、ヤナギムシガレイなどは美味で、とくにアカガレイの煮つけは最高にうまい。しかし、アブラガレイはどうもいただけない。ただのカレイという種はないのである。だから、買う人にとってもっとも重要な商品の品質に関する情報が示されていない。しかし、そんなことには無頓着にカレイは買われていく。

ひどいのはギンダラの切り身に「ムツ」と表示してあることがあった。ムツは高級魚であるが、ギンダラは脂っこく、好き嫌いがある。では、ムツの切り身にはなんと書いてあるかというと、「本ムツ」と書いてある。これでは詐欺ではないか。肉屋が羊肉を牛肉として販売したらつかまってしまうのに、なぜ魚屋は許されるのか、腹立たしい思いをしたものだが、最近はかなり正確な名前を表示するようになってきたのはけっこうなことである。ついでに、「ギンムツ」として売られている魚がある。これもムツのなかまではないし、正式な名ではない。ムツとすればよく売れるのである。正式にはマゼランアイナメといい、メロと呼ばれることもある。ムツ、ギンムツ、ギンダラは名前のうえから混同しやすい。種が違えば味も栄養価も調理法も値段も違う。魚食民族の日本人としては、もう少し注意したい。切り身でも皮がついていれば区別が可能である（図7上）。

アジもきわめてなじみ深い魚であるが、いろいろな種類がある。干物にするにはマアジ、クサヤにするにはムロアジ、刺身にはシマアジが最高である。「タイ」と名のつく魚はたくさんあるが、本物のタイ（タイ科）はマダイ、チダイ、クロダイなど一〇種あまりで、残りの九割以上は〇〇タイといってもタイではない。アマダイ、アオブダイ、フエフキダイ、イトヨリダイなどはタイでないタイである。赤くて大きく、扁平で、白身の魚はほとんど分類学に関係なく、タイにされてしまっているのである。

魚のことばかり述べたが、野菜にも分類学を適用してみたい。ナス、トマト、ジャガイモは形も色も味もまるで違うが、どれもナス科ナス属に属する同じなかまである。家庭菜園などで栽培された方にはわかるが、植物の分類でもっとも重視される花の形や色をみると、この三者の花はそっくりである。さらに驚いたことに、属は違うが同じナス科にはトウガラシ、ピーマン、ホオズキが属している（図7下）。キュウリ、ゴーヤがウリ科であることはうなずけるが、スイカやカボチャもウリ科なのである。クイズになりそうな豆知識である。

生活のなかの生物の分類上の位置とともに、一つ一つを「種」として認識することは大切なことだと思う。種を知ることは、その種に関するあらゆる情報を知るための鍵を握ることである。その鍵を

図 7　分類学から見た魚と野菜。上：紛らわしい魚の区別。手前からギンダラ、ギンムツ（メロ）、ムツ（青木，2008）。下：見かけはまったく違うトマト、ジャガイモ、ピーマン、ナス、トウガラシはすべてナス科の植物。

もてば、書物にあたったり図鑑をひいたりすることもでき、さらにくわしい知識にたどり着くことができる。生活の質も向上するに違いない。

第3章――生物を分類する――博物学の仕事

1　分類のための図鑑と文献

博物学は自然界に存在するものの名前を調べることに始まる。草木、獣、鳥、魚、虫、岩石、鉱物にいたるまで、あらゆる自然物には名前がある。しかし、それはそう思われているだけで、じつは名前のないもののほうがはるかに多いのだが、普段人々がみかけるものにはほとんど名前がつけられている。であるから、ちょっと見慣れないものに出くわすと、どうしても名前を知りたくなるのが人情である。名前がわかれば、それを頼りにいくつもの書物にあたって調べることができ、いろいろな知識が得られる。すなわち、名前は知識の扉をあける「鍵」となるのである。その名前調べに役立つのが、古くは本草、近代になって図譜、図鑑と呼ばれる書物である。

自然物を写生し、それに名前を入れ、解説を加えた書物の走りは、「本草」といわれるものであった。最初に出されたものは中国の李時珍による『本草綱目』（一五九六年出版）で、薬用になる植物、動物、鉱物が記載されてあった。日本ではこれにならって貝原益軒が日本独自の『大和本草』（一七〇九年出版）を編纂し、わが国でも薬草を含む薬になる天然自然の産物を研究する学問である本草学が発展していった。

やがて必ずしも薬用に限らず動植物や鉱物の名前調べに役立つ図鑑が出版されるようになる。博物学の定義である「自然物のありのままの姿を書きしるしておく」という大切な行為は書物、とりわけ図に解説をともなった図集、すなわち図鑑の刊行という形で進められていった。最初は図鑑といわずに図解とか図譜と呼ばれていた。たとえば昆虫類に関しては、松村松年の『日本千蟲図解』（一九三〇年出版）や平山修次郎の『原色千種昆蟲図譜』（一九四一年出版）などである。とくに後者は昆虫少年のバイブルのようなものであって、当時小学生で本書を買ってもらった手塚治虫や北杜夫は夢中になって喜んだという話である。私も小学校二年のときに、たしか三円三〇銭でこの図譜を買ってもらい、よれよれになるまで頁をめくり、眺めて暮らしたものである。採集した虫の名前を調べあて、種の解説の最後に「稀」とか「山地に生息するが少なし」などと書いてあったりすると、欣喜雀躍したものであった。「稀ならざるものが如し」などとあると、まれなのかまれでないのかわからず、父親に聞いた覚えがある。

初期の図鑑は図が手描きであり、単色のものがていねいに彩色を施されるようになった（図8）。

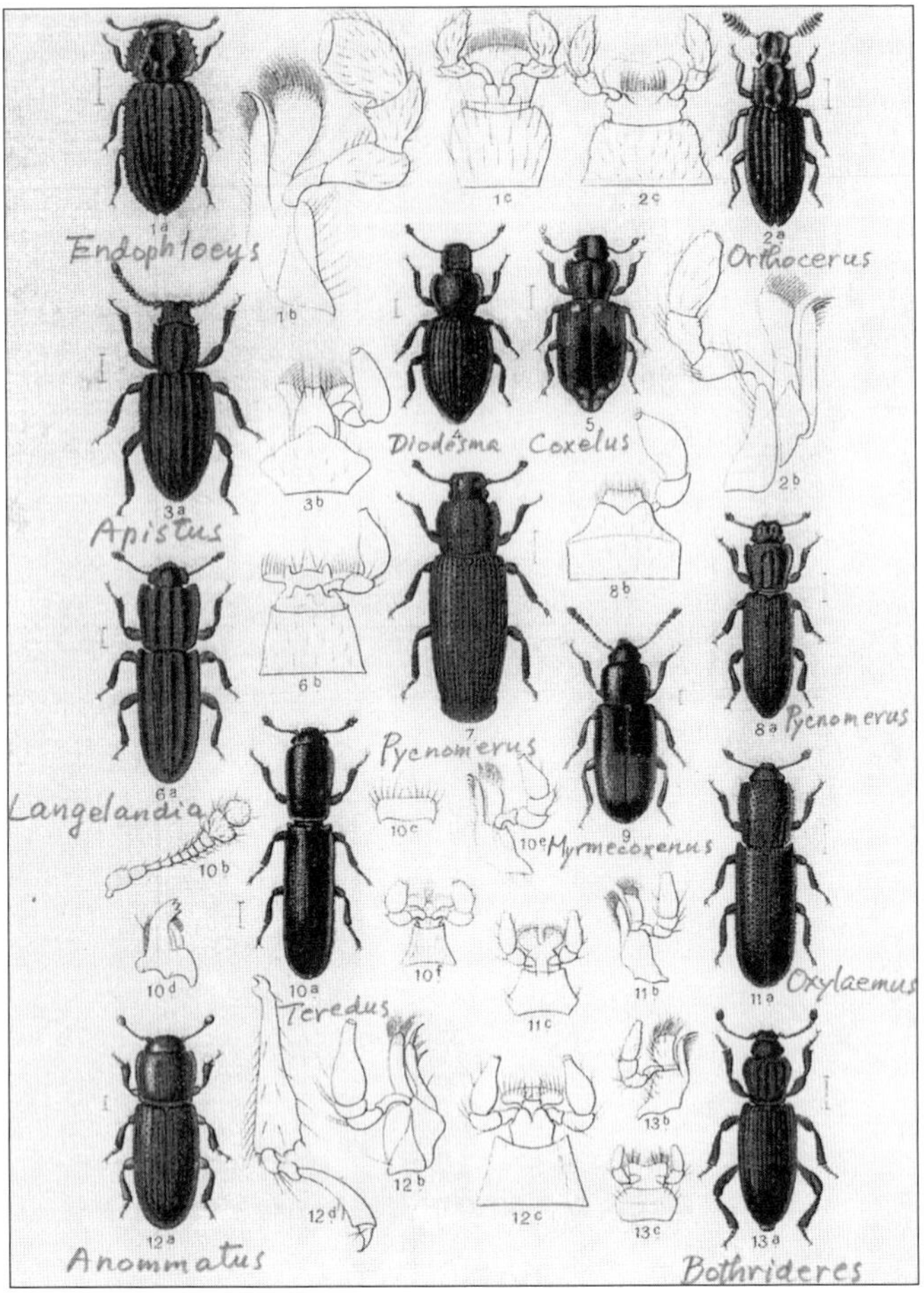

図 8　ドイツで出版されたE. ライター著『ドイツの動物相——ドイツの甲虫類』。(Reitter, 1911)

最近はカラー写真を用いるのが普通になり、標本写真を並べたもののほか、生きたままの姿を写した生態写真を載せたものまでみられるようになった。これらの図鑑はみているだけでも楽しく、収集家や研究者でなくとも、心をわくわくさせる書物となっている。私の知る限り、日本は自然物の図鑑がもっとも多く出版されている国ではないかと思う（図9A）。少し大きな書店の書架を眺めてみると、植物では、植物全般、樹木、果樹、キノコ、蘚苔類、シダ、ラン、サボテンなど外国でも多く出版されているもののほか、高山植物、帰化植物、水草、変形菌、地衣、冬虫夏草、花粉などの図鑑まで出されている。動物では、哺乳類、鳥、爬虫類、両生類、魚、カニ、エビ、貝、クモ、昆虫、チョウ、ガ、セミ、カメムシ、甲虫、カミキリムシ、クワガタムシ、ハムシなどのほか、幼虫だけの図鑑や虫瘤（むしこぶ）の図鑑まである。

最近出始めたものとして、「検索図鑑」というのがあり、写真のほかに検索表や検索図が載せられていて、種の同定をさらに容易に確実にしている。チョウ、カミキリムシ、トンボ幼虫（ヤゴ）、土壌動物などにその例がみられる。とにかく、一般にはなじみのない生物の図鑑がこれほど多く出されている国はめずらしい。あまりもうからないと思われるそれらの図鑑の出版に関しては、各大学にある大学出版会の見識と努力がきわめて大きい。

多くの人たちが誤解していることであるが、日本の図鑑には日本産の種がすべて掲載されているわけではない。「これは図鑑に出ていないから、新種ではないか！」と騒がれてしまう場合も多い。一般になじみが多く、種類数もそれほど多くない生物群については、日本産のほとんどの種が図鑑に載

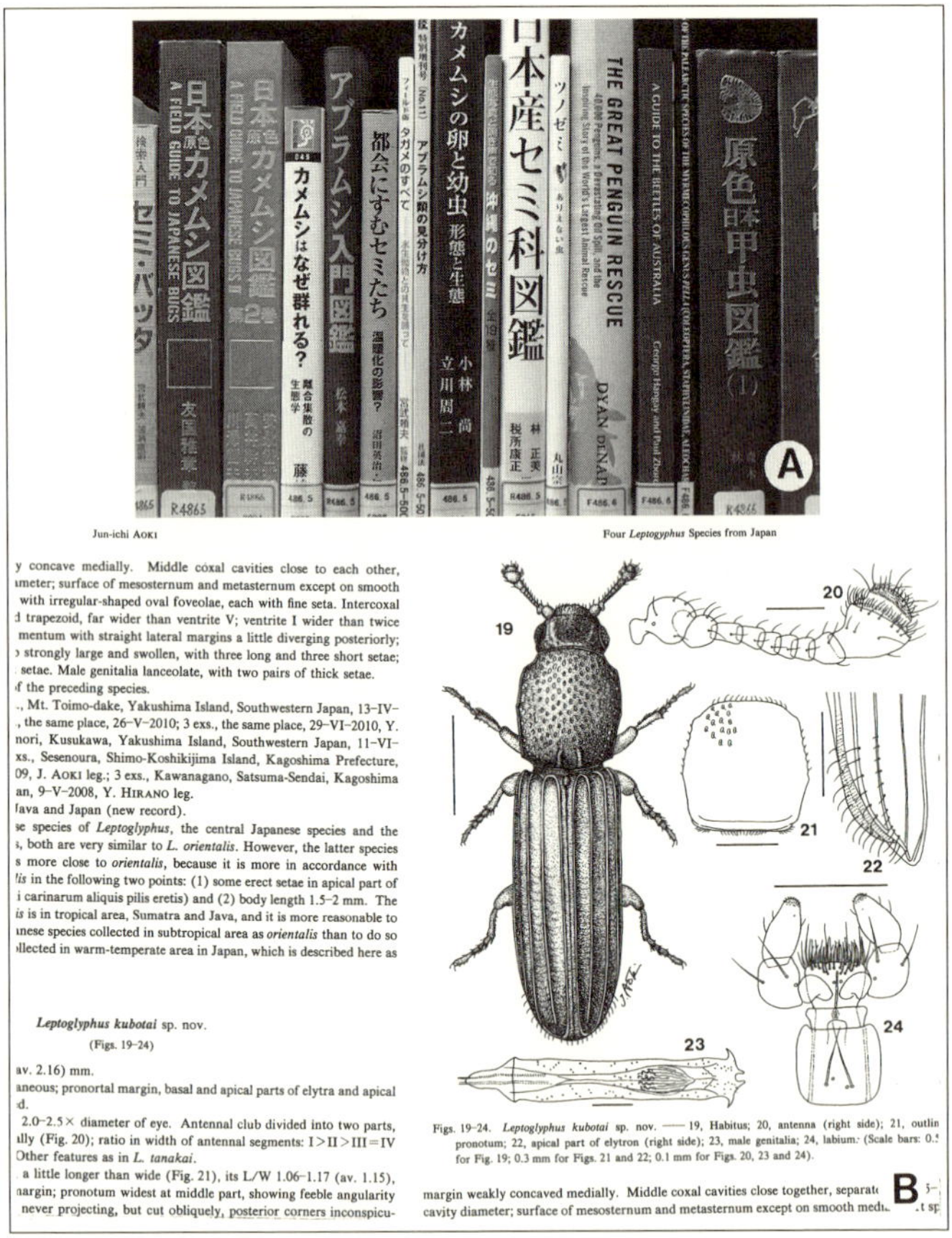

図 9　図書と論文。A：図書館の書架に並ぶ各種の図鑑。B：屋久島で発見された新種ホソミスジホソカタムシの原記載の一部。（Aoki, 2011）

っている場合もあるが、多くの生物群では図鑑に掲載されているのは一部にすぎない。日本の図鑑出版の草分け的な出版社である北隆館の図鑑を例にとってみると、『新編日本動物図鑑』では日本産全種のうち、ヘビが三四・二%、カエルが三〇・二%、クモが八・二%、ダニにいたっては三・〇%しか載っていない。昆虫類に例をとると、『新訂原色昆虫大図鑑』では、トンボが八四・三%、シロアリが六二・五%、カミキリムシが六一・六%、ホソカタムシが三三・九%、ゴキブリが二七・九%、ユスリカがわずかに八・五%という具合である。したがって、多くの生物群にまたがってまとめられている一般の図鑑は、種の同定のためというよりも、「この生物群の種はこんな形をしている」ということを理解させるためのものといったほうがよいかもしれない。

しかし、対象生物群を狭く限定してつくられた図鑑（専門的図鑑）では掲載率がぐんと高くなる。たとえば、『原色爬虫類両生類検索図鑑』（高田栄一・大谷勉）、『写真日本クモ類図鑑』（千国安之輔）、『日本ダニ類図鑑』（江原昭三編）、『日本のトンボ』（尾園暁・川島逸郎・二橋亮）、『図説日本のユスリカ』（日本ユスリカ研究会）、『日本産セミ科図鑑』（林正美・税所康正編著）、『日本産カミキリムシ』（大林延夫・新里達也）、『日本産ホソカタムシ類図説』（青木淳一）など、扱う生物群を一つの目（もく）または科に限定している図鑑・図説には日本産の種がほぼすべて採録されている。とくに一つの生物群に興味をもって収集したり、研究したりしたい人には、これらの図鑑・図説はまことにありがたいものであるが、それを使いこなすにはやはり勉強が必要である。少なくとも、その生物群の形態と用語（部分名称）に関する知識があって、その用語がどの部分を指しているのかがわからなくては役に立たない。一般の図鑑、専門的図鑑を通じて、図鑑には全形図（写真）とともに体長、特徴的な形態や区別点、分布、ものによっては生息環境、めずらしさの程度などまで書かれている。専門的図鑑になると、そのほかに識別に必要な部分図や検索表まで載せられていることが多い。

さらに専門的に研究を深め、新種の発見や記載にまで手を伸ばそうとする人には、図鑑だけでは物足らず、原著論文を読む必要がある（図9B）。いま、手もとにある標本が新種であるかどうかを判定するためには、その生物が属する属（genus）に含まれている世界中の全種について調べ、そのどれとも異なることを証明しなければならない。文献の探し方、集め方としては、まず関連のある論文を一つ探し出し、その文末にある「引用文献」をすべて手に入れ、さらにその論文の末尾の引用文献をつぎつぎに探すという孫引きをやっていくのがよい。それぞれの種の原記載が載った論文のほか、とくに重要なのは、その群の生物の全種を網羅し、モノグラフとして完成された大きな論文である。分類学的研究のために集める論文は古くは一八〇〇年代のものからあり、さまざまな国の言語で書かれ、世界中に散らばっているからたいへんである。しかし、昔に比べればコンピュータのおかげで論文の検索ははるかに楽になり、日本中の大学図書館、さらには外国の大学図書館からも論文を取り寄せるのにさして苦労はしなくなった。論文の掲載誌、巻号、発行年がわかれば、ものによってはインターネットで探し出して読むこともできるようになった。私が学生のころはいまのような複写サービスもなかったので、全国の大学図書館を訪ね歩いた。複写を禁じられているところでは、持参したカメラで一頁ずつ撮影した。撮影も禁じられている場合には、重要な箇所を手書きで書き取り、図はトレーシングペーパーを載せて写し取った。大切な小遣いと時間をほとんど文献集めに費やしたといってもよい。その時代からみれば、いまの状況は夢のようである。

博物学、とくに分類学的研究にとって、文献は命である。たった一つの文献がみられないために、あと一息で完成する論文が何年も寝かせたままになっていることも多い。いま新種と断定しかかっている種が、もしかしたら、その最後の論文に載っているかもしれないからである。勇気（?）のある研究者は、それに目をつむって思い切って論文を投稿してしまうが、慎重な研究者の論文はいつまで経っても出ない。あなたは、どちらのタイプ?

2　種の同定依頼

図鑑や文献で調べても種名がわからなかったり、同定に自信がない場合は、最後の手段として専門家の手を煩わせて同定してもらうことになる。だれに同定してもらえばよいかは、図鑑のなかのその動物群の執筆担当者に依頼するか、または博物館を訪ね、そこに専門家がいればお願いできるし、いない場合は専門家を紹介してもらえばよい。近ごろは個人情報保護がうるさくなったが、学会の名簿に各人の専門が記してあるものもある。

分類学者たるものは、自分の研究を進めていくだけでなく、自分の専門領域の生物について種名を調べてくれるよう他人から依頼された場合には、その同定を引き受けるサービスを行う義務があると思う。なぜなら、その生物群の分類については自分以外に専門家がいないか、いても少数しかいないからである。たんに趣味で採集されたものが持ち込まれる場合もあるが、採集した生物の種名が判明することは採集者にとってまことにうれしいことであり、ましてやそれがめずらしい種であったり、新しい分布記録につながる発見であったりした場合の喜びはいっそう大きい。また、その生物を実験材料として重要な研究が行われた場合、その材料の種名が不正確であっては研究成果の価値が落ちてしまうし、信用できないものになってしまうであろうから、種名の正確な同定は他分野の研究の進歩にとっても大切なことになる。

同定依頼に応えることは分類学者の責務であると述べたが、多くの同定依頼が殺到すると、分類学者のほうも応対がたいへんである。自分の研究のためにとってある貴重な時間をさらに削らなければならない。同定依頼をする側も、そのことに充分配慮し、つぎに述べるようなマナー（エチケット）を守ってほしいものである。まず、標本を郵送して依頼する場合について述べる。

第一に、標本にはくわしい採集データをつけること。標本というものは正確な採集データがついていないと、標本の価値がなくなってしまう。もし、その種が新記録のものであったり、まれにではあるが未記載種（新種）の可能性があるものであったりした場合はなおさらデータが重要になる。また、どこで採集されたものであるかが判明していれば、同定するほうも種の見当がつけやすい。

第二に、標本は適切な状態で送ること。「適切な状態」というのは、動物群によって異なる。多くの昆虫類では乾燥標本とし、チョウ、ガ、トンボなどであれば三角紙に包み、甲虫類であれば綿に載せて、たとう（折った紙包み）に入れる。ムカデ、ヤスデ、ワラジムシ、ダンゴムシ、クモ、カニムシ、ザトウムシ、トビムシ、コムシ、ハサミムシ、アリなどの土壌動物は乾くと縮んでしまうので液浸（エタノール浸）にする。体長が二ミリ以下の微小な虫の場合は、プレパラート標本にして送ってもよい。乾燥標本の場合には封筒にじかに入れたりせず、箱に納めてつぶれないようにして送る。針に刺した標本を送るのは破損の危険が大きい。できれば針を抜いて紙包みにして送りたい。液浸の場合は液が漏れないように瓶の蓋と身に沿ってビニールテープを巻き、それをポリ袋に入れて密封し、瓶が割れないように包装して箱に入れて送る。プレパラートの場合には、プレパラート作製後充分な時間が経って乾燥し、カバーガラスがずれないような状態になってからがよい。ヘヤードライヤーの熱風で乾かし、カバーガラスに沿って爪用のマニキュアを塗布しておくと安全である。

第三に、標本の返却を求めないこと。このことは意外に思うかもしれないが、同定者は標本がほしいわけではなく、多くの依頼を受けていることが多いので、返送の手間がたいへんなのである。もちろん、その種が貴重なものである場合には同定者に提供してもらえれば、ありがたいのは当然である。どうしても一部または全部を返却してほしいときには、そのようにお願いすることもできる。返却不要の場合には、「標本はご自由に研究にお役立てください」と記しておくと先方は迷わずにすむ。

第四に、回答しやすいような配慮をすること。標本の返却を求めない場合には、あらかじめ標本に番号か記号をつけておき、その番号や記号に対応して種名を記せばわかるようにしておくとよい。同じ種の複数標本がある場合には、送る標本と手元に残す標本に同じ番号・記号をつけておく。当然のことながら、宛名を記して切手を貼った返信用の封筒を入れておくのが礼儀であるが、近ごろはメール・アドレスを記しておくほうが便利かもしれない。

第五に、写真による同定はむずかしいこと。標本でなく、写真を送って同定してもらいたい場合もあろうが、専門家といえども、よほどわかりやすい種は別として、多くの場合、種までの同定は困難で、属または科どまりの同定しかできないこともある。なぜなら、写真では種の同定に必要な部分が写っていなかったり、ピントが合っていなかったりすることが多いからである。なんのなかまかさえわかればよいというのであれば、写真による同定は手軽でよい。

3 新種の発見

新聞紙上やテレビの画面に、ときどき「新種発見」の大見出しが出ることがある。そのなかでもっとも騒がれたのが一九六五年のイリオモテヤマネコの発見であろう。発見者が動物文学作家の戸川幸夫氏であったこともさらに一般の関心を高めた。地元の西表島では以前から山に入ると飼い猫（マヤー）とも野良猫（ピンギマヤー）とも違う夜行性で目の光る猫（ヤマピカリャー）がいることが知られていた。地元民や琉球大学の研究者らの協力のもと、やっとのことで手に入れた死骸をもとに、二年後の一九六七年に国立科学博物館動物研究部長の今泉吉典博士によってネコ科の新属新種*Mayailurus iriomotensis* Imaizumiとして記載発表された。この発見はこの時代になってネズミならともかく、ネコの新種がみつかるなどとは思ってもみなかった世界の動物学者を驚嘆させた。和名については今泉博士が発見者の戸川幸夫氏の名にちなんでトガワヤマネコとしたいと提案したが、遠慮深い戸川氏が辞退し、イリオモテヤマネコとなった。しかし、残念なことにその後の研究によって、このネコは新属新種ではなく、ベンガルヤマネコの新亜種とすべきことがわかり、学名も*Prionailurus bengalensis iriomotensis*（Imaizumi）となった。

その後、沖縄島の北部の山原（やんばる）地方で発見されたヤンバルクイナが一九八一年に、ヤンバルテナガコガネが一九八四年に新種として記載発表された。このときもいまになって鳥の新種がみつかるのか、こんな巨大なカブトムシのなかまの新種がいたのか、と世界の研究者を驚かせた。この二種はいまだに新種として認められ、厳重に保護されている。

しかし、このように哺乳類、鳥類、巨大昆虫で新種が発見されるのはきわめてまれなことである。現在の日本で学会誌に登場する新種の多くは、小型でめだたない虫などである。大型で派手な動物はとうの昔に名前がつけられてしまっているのである。私が五〇年間研究してきたササラダニ類も体長が〇・五ミリ前後の微小な虫である。それに加えて、寄生性、吸血性のダニと違って人間生活との関係も薄く、だれも相手にしない動物群であったから、みつけるものほとんどが学会未知の未記載種であり、私によって片っ端から命名され、新種として記載されていった。その種数は日本とその周辺のアジア諸国のものも入れると四五〇種に上った。こんなことは自慢にもならないが、一人の人間が一生の間に発見した新種の数としては、わが国で二番目に多いと思う（一番は一〇〇〇種以上ものユスリカを発見した佐々学博士）。もしかしたら、きわめて多くの科にわたる甲虫類の新種を記載された中根猛彦博士が二番目で、私は三番目かもしれない。いずれにせよ、新種などというものはめったにみつからないと思っている一般の方々からみれば、数百種の新種がつぎつぎと発見される動物群があるとは、予想もされないだろう。そのくらい、新種は「やたらに」発見されているのである。

私が初めてダニの新種を発見したのは一九五六年、長野県美ヶ原であった。シラカンバ林の下の落ち葉をリュックに詰めて持ち帰り、ダニなどの土壌動物を抽出するツルグレン装置にかけてみると、いろいろな種類のダニが抽出された。そのなかの一種、オニダニ科のヒラタオニダニ属の一種が新種だと思われた。しかし、実際には「思われた」ではすまない。いま手元にあるダニがいままでどの国からもみつかっておらず、名前もつけられていないことを証明しなければならない。そのためには、一八〇〇年代の文献から調査する必要がある。しかも、それらは英独仏語だけではなく、ロシア語、イタリア語、中国語、ラテン語などいろいろあって、辞書と首っ引きで一行一時間かかっても解読しなければならない。そのような作業の後、該当する属の世界中のどの種とも一致しないことを確かめ、初めて「新種だ！」と結論できる。こうして私にとって新種第一号が確認された。新種の名前は学名*Heminothrus yamasakii* Aoki、和名はヤマサキオニダニ。最初の新種の名を指導教官であった山崎輝男教授に捧げたのである。

それからは、毎日毎日、山で落ち葉や土を採集してきてはササラダニを分離し、命名と記載の作業に没頭した。土壌を採取した地点は日本列島二九〇〇地点、記録した種は約六六〇種、うち新種が約三〇〇種（図10）、論文数は三四〇編を超えた。このダニの名づけ親のような仕事を続けていくうちに、やがて新種発見の喜びや感動は小さくなっていったが、この作業は五〇年近くも続いた。この地球上では、人間の勝手な環境破壊によって数多くの生物種が絶滅に追いやられてきた。日本の自然界から姿を消したトキなどは、多くの人たちに惜しまれつつ悲しまれつつ消滅していったので、まだ救われる。おそらくは、多くのダニの種が人知れず地球上から姿を消しているかもしれない。それでは、あまりに哀れではないか。絶滅する前に、この地球上にはこんな姿をしたダニが存在したのだということを地球生物の戸籍簿になんとしても書きとどめておきたい。その心情こそ、五〇年間ダニの名づけ作業を続ける原動力になったのである。名前をつけてもらったからといって、ダニが喜んでいるとは思えない。しかし、それはここまで地球を壊して多くの生物を消滅させてきた人類の責務ではないかと思う。この仕事は私の後継者たちによって着実に続けられている。

新種というものは、けっして突然に地球上に出現した新しい生物ではない。ゴジラやアンギラスなどの怪獣とは違うのである。ヒトよりもずっと以前にこの地球上に存在しながら、ヒトに気づかれないままでいたにすぎない。人間の目を奪うほど大型で美しいもの、食料、衣服、薬の材料になって人間の生活に役立つもの、逆に人間の体に害を加えたり、家畜や作物に被害を与えるものなど、人間生活に密着した生物には古くから名が与えられ、多くの人々に認識され、利用されてきた。しかし、人

図 10　日本列島から50年間に筆者によって発見されたササラダニ類の新種450種。

間生活とほとんど無縁な生物は無視され、名すら与えられてこなかった。

そもそも、地球上のすべての生物に名前をつけなくては気がすまないというへんな生物、人間がどうして出てきたのだろうか。ものを認識するためには、第一段階として名をつけることが必要なことはわかる。ある生物がどんな性質をもっているかを知るために、名は知識の扉をあける鍵となるものだろう。しかし、人間生活に直接関係のない種にも、遅ればせながらつぎつぎと名が与えられ、記載されつつある。やはり、この地球上に「名もないもの」が存在することに、人間は耐えられないのであろう。そのために、人間は名もないものに名を与えるというばかばかしい作業を延々と続けている。困ったことに、多くの分類学者にとって、新種を発見し、それに命名し記載することはわくわくするほど楽しいのである。

4　博物館の役割

私の就職歴を述べると、最初がハワイのビショップ博物館に一年、それから国立科学博物館に一〇年、その後横浜国立大学に二六年、最後は神奈川県立生命の星・地球博物館に六年である。つまりまんなかに大学を挟んで、その前後に外国の私立博物館、日本の国立博物館、県立博物館を渡り歩いてきたことになる。一般には、博物館といえば、いろいろめずらしいものが陳列展示されていて、来館者はその展示物を眺めて楽しんだり、驚いたり、知識を得たりするところと考えられている。しかし、博物館の展示室からさらに内側に入ったところで仕事をしてみると、一般にはあまり知られていない重要な仕事がたくさんあることがわかる。

じつは博物館にはいくつかの種類がある。自然史博物館（Natural History Museum）、科学博物館（Science Museum）、歴史博物館（History Museum）、美術館（Art Museum）の四つである。最後の美術館は「博物館」という名称がついていないが、英語でArt Museumといわれるように博物館の類に入れられている。ここでは、そのうちの自然史博物館を取り上げて話をすることにする。

まず、自然史博物館のもっとも重要な第一の仕事は、動物、植物、化石、岩石、鉱物などの標本を収集し、整理し、管理保管することである。後で述べる博物館のその他の仕事はすべてこれらの標本を土台にして行われるものである。収納されている標本はできるだけ多いほうがよく、その種類と数の多少によって博物館の価値が決まるといってもよい。では、どうやって標本を集めるのか。まず、博物館の職員がそれぞれの専門分野のものについて、野外に出かけて採集して持ち帰る。といっても博物館には旅費がほとんどないから、できるだけ海外や国内の調査隊の一員として参加させてもらうことが必要になる。場合によっては奇特な人が寄贈してくれるものもある。特定の動物・植物・化石などの標本を趣味のためあるいは研究のために一生かかって収集してきた人が、生前あるいは死後に全標本をそっくり寄贈してくださるのはたいへんありがたいことである。魚などは魚市場や漁師に頼んでおき、めずらしいものが獲れたら知らせてくれるように手配しておくこともある。さらに、購入できるものは博物館の予算（標本整備費）を使って買い入れる。そして収集した標本をきちんと整理し、名前をつけて安全に保管することである。一般の来館者にはみせていないが、博物館には広大な標本庫があって、標本が傷まないように温度・湿度が管理され、虫がつかないように定期的に消毒が行われる。表に出され展示されている標本は、じつは保管されている膨大な数の標本のなかのほんの一部なのである。標本のなかでとくに重要なのはタイプ標本（新種記載のもととなった標本）である。このタイプ標本（基準標本ともいう）は個人が所有することは望ましくなく、博物館のような公的機関において保管することになっており、国内外の研究者から要請があれば、いつでも貸し出しに応じなければならない。しかし、その種の代表として存在する世界でただ一頭指定されたホロタイプ標本（正基準標本）が研究者の求めに応じてたびたび航空便で世界を飛び回っているというのは、心配性の私にいわせれば気が気ではない。

第二の仕事は、収集保管してある標本の一部を用いて展示を行うことである。一般の人たちがもっともよく理解している博物館の役目である。図鑑やテレビでみるのとは違い、目の前に本物（実物）があるということだけで、迫力が違う。もうかなり以前の話になるが、国立科学博物館の特別展で「月の石」の展示をしたとき、あれだけ来館者が長蛇の列をなしたのも、小さなつまらない石であるが月面で採取された本物の石だからこそである。恐竜の化石をみて一億年も前の地球に思いをはせるのも、本物のなせる業であろう（図11）。博物館では長年変えずに展示する常設展と、ある期間だけ特別なテーマで展示する特別展（または企画展）を用意している。特別展のための展示物は自分のと

図 11　展示は博物館の仕事の一部。上：もっとも人気のある恐竜。下：壁一面のアンモナイト。(神奈川県立生命の星・地球博物館)

ころだけでは足りず、よその博物館や大学からも借り集めてくることも多い。そのために多くの調査も必要である。特別展は同じ人に何度も博物館に足を運んでもらうための客寄せの意味もある。博物館の来館者は幅広い年齢層にわたるが、注意してみると小学生と高齢者が圧倒的に多い。子ども連れの場合には三〇歳代の親たちもきてくれる。子どもたちは目を輝かせ、自然の驚異に見入っている。その子たちのなかから一人でも二人でも将来博物学者になる子が出てきてくれないかなあという期待をもって眺めていたものである。

私が館長を務めていた小田原にある神奈川県立生命の星・地球博物館では、毎週土曜日の午後に「館長と話そう」という特別な時間帯を設けた。博物館にやってきた子どもたちのなかには展示物に特別な興味を示したり、普段から疑問に思っていることがあったりする子もいて、その子たちは博物館の学芸員に質問したいだろうと考えたのである。しかし、学芸員は非常に忙しい。では、館長の私がその役を買って出ようと思った。展示室の前に座っている私の前には順番待ちの番号札をもった子どもたちの行列ができた。相手が子どもだからとタカをくくり、「動物、虫、植物のことならなんでも聞いていいよ」という触れ込みだったが、実際には冷や汗タラタラだった。「昆虫の足は、なぜ六本なの?」「テントウムシは、なぜ赤いの?」など、子どもたちの質問は素朴であるが、まことに答えるのがむずかしい。私自身も大いに勉強になった。自由な時間をもち、好奇心の強いお年寄りたちの来館者が多いのもうれしい。ただ、中学生、高校生、四〇~五〇歳代の中年層の来館者が少ないのは残念である。

第三の仕事は、収集した標本にもとづいて行われる研究活動である。博物館で行われる研究は主として博物学的研究であるから、分類学、生物地理学、野外生態学などが中心となる。じつをいうと、これらの「古き良き学問」は流行の学問ばかりを追いかける大学ではもう顧みられなくなっており、その研究の最後の砦（とりで）が博物館なのである。しかし、博物館が研究機関でもあること、博物館には大学の研究者にけっして引けを取らない優秀な研究者がたくさんいることは、残念ながら世間一般には知られていない。私のように、博物館と大学の両方で働いてきた人間には、そのことがよくわかる。国立科学博物館にも神奈川県立博物館にも、ある分野に関しては日本で一、二を争う研究者あるいは世界屈指の研究者が何人もいたことを思い起こす。博物館の研究者は「学芸員」などというへんな職名をつけられているのがまちがいで、大学の教授よりも偉いのがたくさんいるのである。

第四の仕事は、啓蒙普及活動である。大学では学生に教えればよいのだが、博物館は幼児から高齢者まで、さまざまな年齢、職業の人たちを対象に博物学の知識を与える。いま、子どもたちの理科離れ、自然離れなどがいわれているが、少数ながら自然物にものすごく関心のある子が必ずいる。そういうきっかけをもった子どもたちに対して学校の先生や親たちができることは少ない。博物館の学芸員が背中を押してやることが大切である。そのためにも野外に出ての観察会、採集会、室内での実験、標本づくりの講習会など、さまざまな企画が行われる（図12）。その際に忙しい学芸員を手伝ってくれるのが博物館友の会の面々である。会員たちはそれぞれ自分の興味のある分野で専門の学芸員からいろいろな知識を学びながら、ボランティアとして標本作製や講習会の準備を手伝う。規模の大きい

図 12　博物館での土壌動物実習。大人も子どもも夢中になって土のなかの虫を探す。（神奈川県立生命の星・地球博物館にて，矢野清志氏撮影）

博物館では数百人の友の会会員を擁し、博物館を支える大きな力となっている。

以上のように、博物館の仕事は一般に知られているよりははるかに多い。大学では講義や実験、学生の面倒見などで教官も多忙をきわめるが、博物館では普及活動のほか、毎年行われる特別展の準備などに相当な時間を取られる。博物館の学芸員も研究者であるからには、自分の専門の研究に打ち込むことがなによりの生きがいである。そのことは、全国の博物館の館長たちにぜひ理解していただきたいことである。自然系博物館での博物学的研究（自然史研究）こそ、わが国の博物学の灯を絶やさずに守っていく原動力になっている。博物館はたんに「見世物小屋」が大規模になっただけのものではなく、いまや博物学的研究の重要な拠点となっているのである。

第4章——生物を採集する——趣味から研究へ

1 採集の楽しみ

三〇〇万年にわたる人類の歴史のうち、その九割は石器時代であり、約一万年前に農耕・牧畜が行われる以前はほとんど採集・狩猟を生業とするものであった。動物・植物・岩石・鉱物などを自然のなかから探し出し、食料、衣料、道具として使用していた。その採集と狩猟の仕事はほとんど男たちの重要な役目であった。

したがって、現代に生まれた男の子たちが自然のなかで生き物に興味を示し、それを捕まえようとするのは、ごく自然なことであり、人類の身体のなかに脈々と受け継がれてきた血のなせる業なのである。後でもくわしく述べるが、近ごろはやりの生命尊重教育や動物愛護教育は、その人間のもつ本能的な欲求にまったく気がついていない。採集という行為を抑えつけ、禁ずることがいかに不自然なことであるか、いかに子どもたちの健全な精神の発達を妨げることになるのか、わかっていない。

採集という行為はまことに楽しいものである。子どもたちが目を輝かせて森に分け入っていくのは、そこにクワガタムシ、カブトムシ、トンボ、セミ、カマキリなどがいるからであり、心ときめかせて川や池へ行くのもザリガニ、エビ、フナ、オタマジャクシ、ゲンゴロウなどの収穫物があるからである。その採集という行為を罪悪視して禁じてしまったら、子どもたちはだれも野外へ出ていかなくなってしまうだろう。大人になってからだって、魚釣りや山菜採りやキノコ狩りを楽しむ人たちは多い。大自然のなかに入り込み、食べられるものを探し出して採ってくることは人間の本能的な喜びである。

自然を大切にするということは、自然に触れない、そっとしておくことではなく、自然から恵みをもらい、自然を利用し、感謝することではないだろうか。たんに生きるための収穫を得るだけでなく、自然物の形や色彩の見事さに感動し、それらを採集し、集め、いつまでも眺めて楽しむことがあってもよいではないか。現代の子どもたちがそういうことをしなくなり、大人になっても自然物に感動しなくなってしまったら、関心を向けられなくなった自然はたちまち壊されていくだろうと思う。採集という行為を禁止する立派な道徳は、本末転倒であり、先行きを見据えていない。採集を戒める世間の風潮に対する私の愚痴と怒りは書き出すときりがないのでこのくらいでやめておこう。

さて、野外で採集した動植物や岩石鉱物は標本となる。購入した標本は別として、自分で採集したものは、「標本」という「物」になる前に、自然界のどんな場所に存在していたのか、どのような環境で、どのような様子をしていたのかなどの情報を提供してくれる。それは採集者の頭のなかにしっかりとインプットされ、つぎに同じものをほかの場所で探すときの有力な参考になる。生き物であるならば、その種の生態や行動を記す資料になる。しかし、とくに生き物の場合には、必ず同じような場所にいるとは限らないし、同じような行動をとっているとも限らない。「こんなところに！」という意外な場所から発見されることもある。そのような異なる経験の積み重ねによって、その種の地理的あるいは生態的な分布が解明されていく。よくあることだが、専門家がなかなか採ることのできない非常にめずらしい種を、専門外の人がみつけてしまうことがある。それは、専門家が固定観念をもっていて、自分の数少ない経験から、この種は「こういう場所にしかいない」と決めつけてしまっているからである。そのような発見があると、専門家は驚き、同時にくやしがる。採集したほうは手柄を立てたと喜び、学問的にも貢献できたとよい気分になるものである。

大発見といわれるものの多くが、その道の専門家ではなく、まったくの素人や子どもがみつけたものによることも少なくない。私が研究しているササラダニのなかの思いもかけない新種が中学生によって発見されたことがあった。その場所は静岡県三島市のヒノキ林の土壌であった。専門家である私からみれば、ヒノキの人工林などはめずらしい種が生息しているはずはなく、いままでは素通りしていたのである。その子は中学生ながら自分が採集したダニを顕微鏡で観察し、「ダニの図鑑にも載っていないのですけれど」といって私にみせにきた。調べてみると、それはまだ日本から記録されていない科に所属する新種であることが判明し（図13上）、その子（矢野義尚君）の名前にちなんでヤノ

ヤワラカダニ *Nehypochthonius yanoi* Aoki, と命名し、学会誌に発表されたのである（Aoki, 2002）。どこにどんなものが生息しているか、まだまだわかっているようで、わかっていない証拠であろう。

まだ自分が行ったことがない場所へ採集に出かけることはたいへんな楽しみである。とくに初めての島に上陸したときの興奮は尋常ではない。私は琉球列島の島々を、屋久島から波照間島までほとんどすべて制覇したが、島に上陸（あるいは着陸）するたびに、はたしてどんなものが採れるか、わくわくしたものである。その島にしかいない珍種や新しい種がみつかるかもしれないし、普通の種であっても採集できた島に印をつけていけば、最終的には種ごとの分布図が描けると楽しみにできた。後にその成果は『南西諸島のササラダニ類』（青木、二〇〇九a）として一冊の書物にまとめられた。ただし、大型の動植物を採集する研究者と違って、私の研究対象は平均して体長〇・五ミリの微小なダニである。肉眼ではみることができないから、現地ではもっぱらダニが含まれていると思われる落ち葉や土壌を集めてせっせと袋に詰め、宅配便で研究室へ送るしかない。到着した土壌試料はツルグレン装置という土壌動物分離装置に投入して、ダニを分離抽出する。それをプレパラート標本にして顕微鏡で観察し、やっと種名がわかる。「こんなものがいたのか！」と驚き喜ぶのは現地で採集したときからずっと後のことである。この種をもう一匹ほしいと思っても、後の祭りである。この「時間的ずれ」がなんともくやしい。現場である程度種名がわかり、めずらしいものが採れたと喜びの声をあげているほかの研究者がなんともうらやましい。

しかし、最近になってその喜びは私も味わえるようになった。というのも、五〇年間にわたるダニ

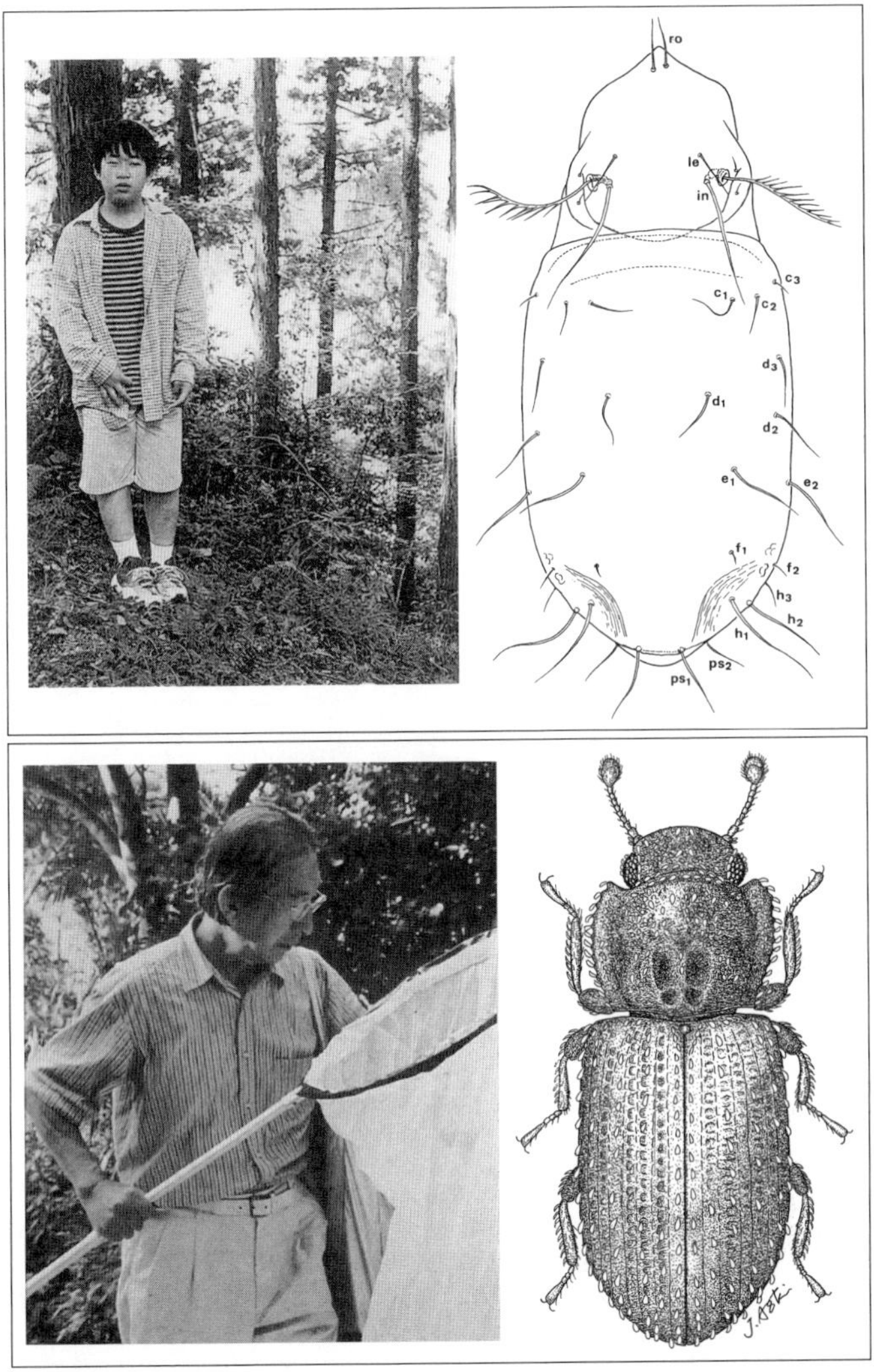

図 13　採集の楽しみは子どもにも大人にもある。上左：中学生の矢野義尚君が新種を発見したヒノキ林。上右：矢野君に発見されたヤノヤワラカダニ（Aoki, 2002)。下左：定年後に昆虫採集を再開した筆者。下右：石垣島で発見した新種クビレヒメヒラタホソカタムシ（Aoki, 2012)。

の研究にようやく区切りをつけ、七〇歳を過ぎてから昔の昆虫少年に戻り、虫採りを始めたからである。私の興味の対象は甲虫類で、とくにホソカタムシの仲間である（図13下）。名前のとおり、細長くて堅い虫で、じつに恰好いい。枯れ木にのみ生息し、大きさは二ミリから一センチくらいだが、ダニよりはずっと大きい。ルーペでのぞけば充分に種名までわかる。めずらしいものが採れたときには、私も人並みに「いたー！」と大声で叫ぶことができる。近くに観光客がいようが、恥も外聞もなく叫んでしまう。とくに新種らしきものがみつかったときには、これから図を描く楽しみ、記載をつくりあげる作業、学会誌に発表することまでもが嬉々として念頭をよぎり、ニコニコ顔になってしまう。

自然のなかでものを採集したり集めたりすることは、子どもたちにとっても、趣味で動植物や鉱物を集めている人たちにとっても、専門家や研究者たちにとっても、まことに楽しいものである。しかし、おもしろいことにものを集めることにとくに喜びを感じるのは男性である。いわゆる収集家と呼ばれる人に女性はあまりみかけない。したがって、動植物の分類学者にも昆虫のコレクターにも女性は少ない。なぜ、そうなのか。ものを集める本能は男性に特有なものなのか、採集狩猟時代の男の仕事の名残なのか、私にはよくわからない。

とにもかくにも、採集という行為は博物学の入口の扉を開くことであり、出発点でもある。その意味からも、子どもたちの採集に対する興味を押さえつけてはいけない。私のこの意見はあちこちに書いているので参照してほしい（青木、一九八七、一九八九、一九九六、二〇〇四a、二〇〇四b）。

採集によって得られた標本は、そのものがこの地球上に存在した証拠であり、研究によってその自然物がもっているあらゆる情報を引き出すことができる。自然物の形や色彩はじつに見事であり、不思議である。このようにさまざまなものが地球上に存在することに驚き感動すると同時に、造化の神がよほど暇だったのだろうかと思ってしまうのは私だけだろうか。

2　子どもの虫採り

子どもたちはほとんど虫が好きである。幼稚園に上がるころから、動く虫に興味を持ち始める。私たち人類の祖先をずっとたどっていくと、原猿類（キツネザル、スローロリスなど）に行きあたる。この原猿類はみな虫食である。虫を捕まえて食べていたわけで、その名残がヒトに続いているのかもしれない。小学校に上がるころになると、セミ、トンボ、カブトムシ、クワガタムシなどを採るのに夢中になる。これも、縄文時代に狩猟・採集生活をしていた血の流れかもしれない。つまり、子どもたちの虫採りは本能的なものであり、ごく自然な欲求だと思われる。

ところが、近ごろは大人たちが、親たちも学校の先生も、子どもたちに虫を採ってはいけないと教える。「観察する」だけにしなさいという。小さな生き物の命も大切にしなければいけないという。でも、小採ってきた虫を飼うのはよいが、標本にして箱のなかに並べて楽しんだりしてはいけない。でも、小学校も高学年になり、中学生ともなると、自分で採ってきた虫はお宝であり、いろいろな種類を集めて楽しみたくなってくる。虫たちの美しい色彩に感嘆し、形の不思議さにみとれる。

野外で虫採りをするためには、子どもなりにいろいろと工夫をこらさなければならない。目的の虫がどんな場所にいるか、それをどうやって捕まえればよいか。頭を使う。野山を歩き回るには体力も必要である。森、草原、池、川などで虫採りをするうちに身体も鍛えられる。自然のなかに潜むさまざまな危険を回避する知恵も備わってくる。以前はガキ大将というのがいて、年上の力の強い子がさまざまな年齢のチビッコたちを引き連れて、野山を駆けめぐっていた。年上の子は自然と年下の子をかばい助け、年下の子は兄ちゃんたちのいうことを聴き、命令にしたがった。ここで子どもたちは協力すること、思いやること、がまんすることなどを自然と覚えていったし、小さな社会での人間関係を学んでいった。いまのように同年齢の子どもたちだけで遊び、青白い顔をしてマンガ本やゲーム機に夢中になっている子どもたちの体や精神の発達は、どうなるのだろうと心配になる。

では、なぜ大人たちは子どもの虫採りを禁じるのだろうか。まずは自然保護の観点から昆虫採集はよくないことだというのだろう。しかし、子どもたちが採るくらいでは虫は減りはしない。それぞれの種類の虫にはそれぞれ多くの天敵がいて、虫の数が増えすぎるのを抑えている。人間の子どもたちも、多くの天敵のなかの一種だと思えばよい（図14）。虫をみつけて捕まえる能力からすれば、ヒトの子どもはもっとも無能な天敵であろう。天敵の鳥、トカゲ、カエル、クモ、ハチなどのほうが虫を捕まえる能力においてはるかに優れているのである。子どもたちが捕まえる虫の量などはたかが知れている。心配することはない。

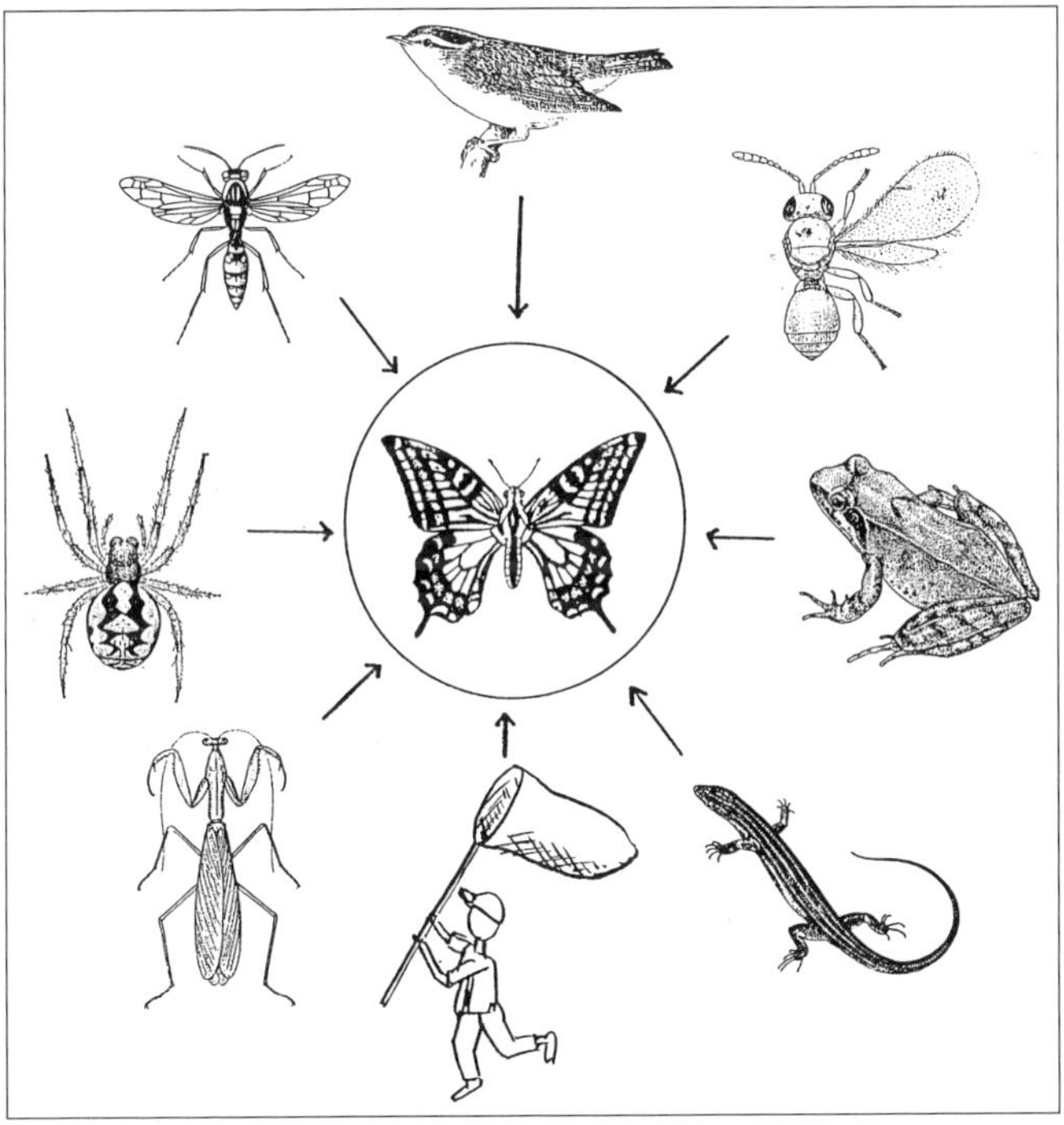

図 14　アゲハチョウをめぐる天敵のいろいろ。子どもは天敵のなかの一種にすぎない。（青木，2006b）

つぎは、生命尊重である。どんな小さな生き物も、それぞれ命をもっており、それは大切にしなければいけないという。しかし、お父さんお母さんはカを手のひらでたたき、ゴキブリが出てくるとスリッパでたたき殺す。ウシ・ブタの肉を食べるし、魚を焼く。それなのに、なぜテントウムシは殺してはいけないの？　幼い子どもたちには理解できない。心のなかで葛藤が起きる。そして、とうとうアジの干物が食べられないという子が出現した（図15）。これはほんとうの話。

子ども「このお魚、死んでるの？」

お母さん「そうよ」

子ども「だれが殺したの？」

お母さん絶句。

シラスボシがかわいそうで食べられないという女の子もいる。「心の優しい子だね」とお母さんはほめたという。これらのことは、私にいわせれば生命尊重教育の「見事な成果」であろう。魚食民族の日本人の子は「これ、美味しいね」とニコニコして食べるのが本来の姿であって、それができない子どもたちが増えていることは異常事態である。生命尊重教育というのは、まことにむずかしいことなのである。

小学生の子どもたちには、のびのびと虫採りをさせたい。自然保護などの理屈は、理屈のわかる中学・高校生になってから教えればよい。そうすれば、子どもたちの自然離れ、理科離れも防げるだろう。虫採りをきっかけに自然に親しみ、自然が好きになった子どもたちのなかから博物学の研究者が

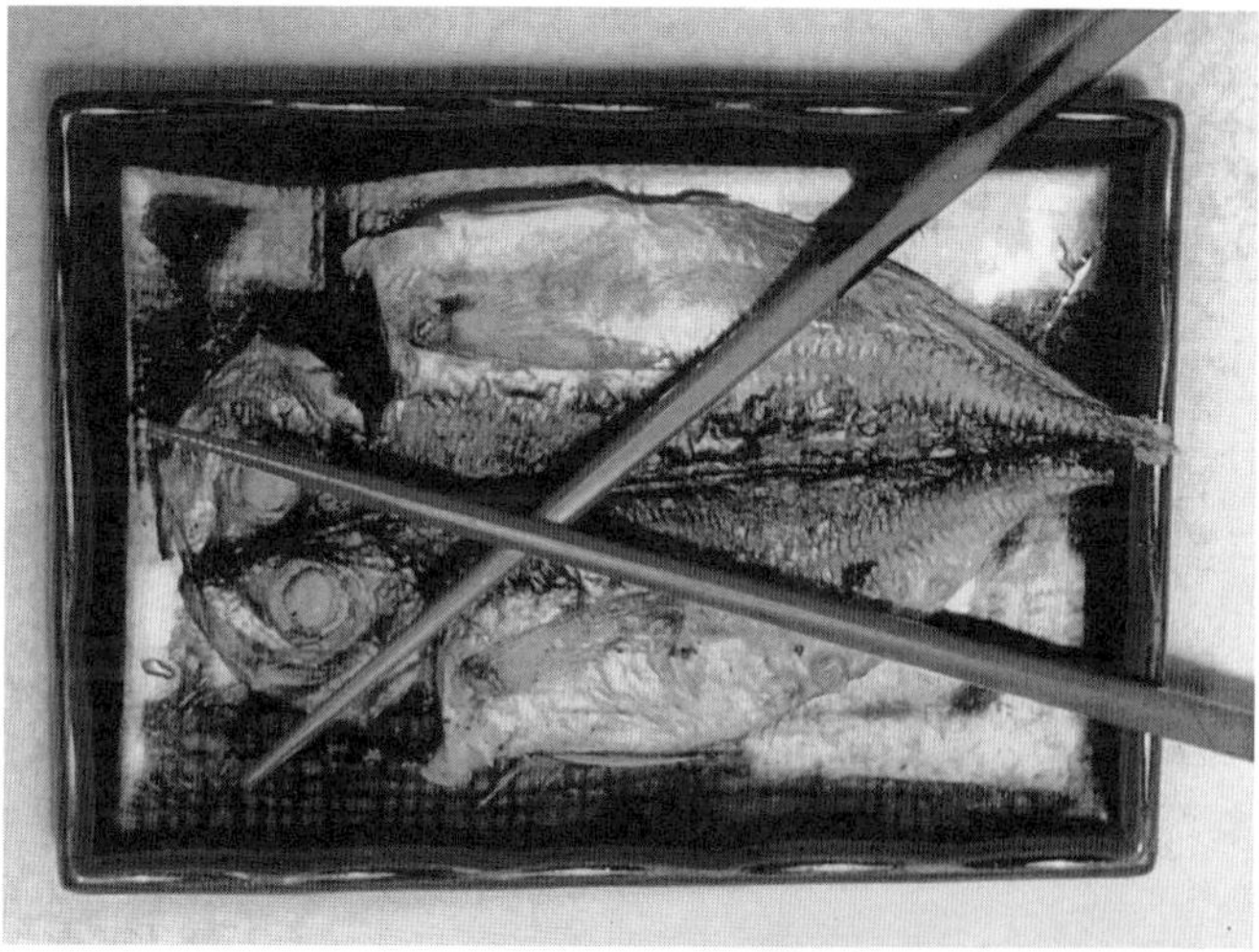

図 15　美味しい魚と可愛がる魚、両方あってよいのに。上：アジの干物が食べられない子どもが増えてきた。下：愛玩用の熱帯魚アストロノータス。

育っていく。子どものころから植物や岩石が大好きだという子はほとんどいない。最初は虫採りなのである。著名な植物学者や地質学者に聞いてみると、子どものころ虫採りに夢中になったという人が多い。せっかく生まれようとしている博物学者の卵をつぶしてはいけない。

3　趣味の採集

子どものころの虫採りは、いつのまにか自然とやんでしまうことが多い。もっとも大きな理由は大学受験のための勉強で忙しくなってしまうことであろう。普通の高校生でもそうであるが、将来生物の研究者になりたいと望んでいる高校生ですら、好きな生物の採集という楽しみを受験のためにいったんは中止しなくてはならない。私の場合を正直に告白すれば、受験勉強もあったが、もう一つの理由、すなわち昆虫採集という行為そのものが大人になりかけた年齢において「恥ずかしい」という気持ちが出てきたためである。そんなわけで大学に入ってからは昆虫以外の生物の研究の道を選んだのである。こうして、子ども時代に虫採りを始めた人は、①大部分は会社の勤め人となったり、自分で商売を始めたり、②一部が広い意味での科学者になり、③さらにごく一部が博物学者になっていく。これら①~③の人たちを含めて、本職とは別に博物学の魅力に取りつかれたまま、趣味として採集という行為を楽しみ続けている人たちも多い。なかには、故馬場金太郎博士のように、昆虫学者になりたかったが昆虫学者はみんな貧乏だから（失礼）、自分は別の職業でお金を稼ぎ、それをみんな趣味の昆虫採集に注ぎ込むといって医者になった人もいる。精神病院の院長になった馬場先生、作業療法として患者たちに昆虫採集をさせたことでも有名である。うつ病になった私の友人（五〇歳代）の一人も、「好きなことだけしなさい」と医者にいわれ、大好きな昆虫採集にのめり込んだところ、短期間で快方に向かったという。

私は虫採りを子どもたちに勧めるだけでなく、大人たちにも勧めたい。『バカの壁』の著書がベストセラーになった養老孟司さんをご覧なさい。脳科学者として著名な東大教授が、暇さえあれば昆虫採集に夢中になっている姿を想像できますか。養老先生の脳は虫採りによって休養を取り、活性化され、生命力の源になっているらしい。まったく恥ずかしげもなく、「ぼくは虫採りが大好き」と公言する先生を、私は尊敬している。

大人になっても虫採りがやめられない人たちを、プロ・アマ含めて「虫屋」とよぶ。傍からみると、オタク的で少々気味が悪いかもしれない。しかし、本人たちは虫を集めることに無上の喜びを感じ、三度の飯も忘れるくらい標本に見入っている。休日には喜び勇んで野山へ採集に出かける。奥方たちはあきれながらも、そんな主人に安心していられる。

しかし、昆虫採集が趣味だという女の人はほとんどみかけない。どうも男性特有の趣味であるらしい。私が書いたエッセイに「なぜ虫屋は男ばかりなのか」というのがある（青木、二〇〇九b）。その理由としては、先ほども述べたように縄文時代の狩猟採集生活の名残が男性に残っているのかもしれない。しかし、もっと大きな理由は「収集癖」であると思う。つまり、ものを集めるという性癖は女性にはほとんどない。あるとすれば、そのものを集めると役に立つ、もうかるという理由があるものに限られている。ところが、男のコレクションには、なんの役にも立たない「くだらないもの」も含まれている。虫が「くだらないもの」かどうかは、あえて明言しないことにするが、形も色も違ういろいろな種類のものを集めるというのは、男にとってたいへん楽しいことである。女房は一種類しか集められないから、その代償作用だなどといったら、叱られるだろうか。奥さんに叱られたとき、自室にひっそりとこもって標本箱を眺めている男性も多いという。

私が小田原にある自然系博物館の館長を務めていたころ、来館者に高齢者が多いのに気づいた。文化系の博物館や美術館ならいざ知らず、動植物や化石、岩石などの自然物に対して興味と関心を抱いている高齢者が多いことに驚いたものである。苦労の多かった仕事から解放されて退職されたこれらの人たちに、私は声をかけたい衝動に駆られた。「みなさん、標本を眺めるだけでなく、老後の楽しみとしてご自分で収集や研究を始めてみませんか」と。対象とする自然物は、なんでもよい。海岸の砂浜に落ちているさまざまな形をした流木を拾い集めている人もいる。亜熱帯や熱帯の島々で大きな豆を集めて楽しんでいる人もいる（盛口、二〇〇四）。私のようにいろいろな種類の食べたエビやカニの甲羅を捨てずに壁に貼りつけている人間もいる（図16B）。そのなかでも、昆虫の収集と研究はもっとも手軽にできて、お金もかからない。旅費だけなんとか工面すれば、日本全国を渡り歩き、虫採りをしながらすばらしい風景に接し、よい空気を吸い、足を鍛え、美味しいものを食べられる。長生

図 16　コレクションの楽しみ。A：もっとも人気があるチョウ。B：食べた後のエビやカニの甲羅を飾っておく。

きすること、まちがいない。

4　アマチュアの貢献

博物学の研究は専門家、いわゆるプロの研究者だけに任されているのではない。この地球上には無尽蔵の自然物が存在するから、専門家の気づかないところからアマチュアの熱意と努力によってなにが出てくるかわからない。全国各地に散らばっているアマチュアの博物学研究者がめずらしい動物、植物、昆虫、化石、岩石などを発見して専門家を驚かせることはしばしば起きる。発見者にしてみれば、「えっ、こんなものどこでみつけたんですか！」といって驚く専門家の顔をみるのがなによりの楽しみなのである。研究材料を集めたい専門研究者にしてみれば、自分一人の努力ではいかんともしがたいのに、材料の発見・収集のために全国的な「捜査網」が張られているに等しく、まことにありがたいことなのである。高校生の鈴木直君が福島県で発見したフタバスズキリュウという恐竜の化石の話は有名であるし、かの有名な西表島のイリオモテヤマネコだって作家の戸川幸夫氏がその発見に大いに貢献している。先に述べたように、ほとんど知られてはいないが、生物の研究に熱心な中学生の矢野義尚君が発見し、私が記載命名したヤノヤワラカダニという土壌性のダニもいる（図13上参照）。往々にして専門家というものは自分の経験を信じ、そのために先入観にとらわれていて、自然

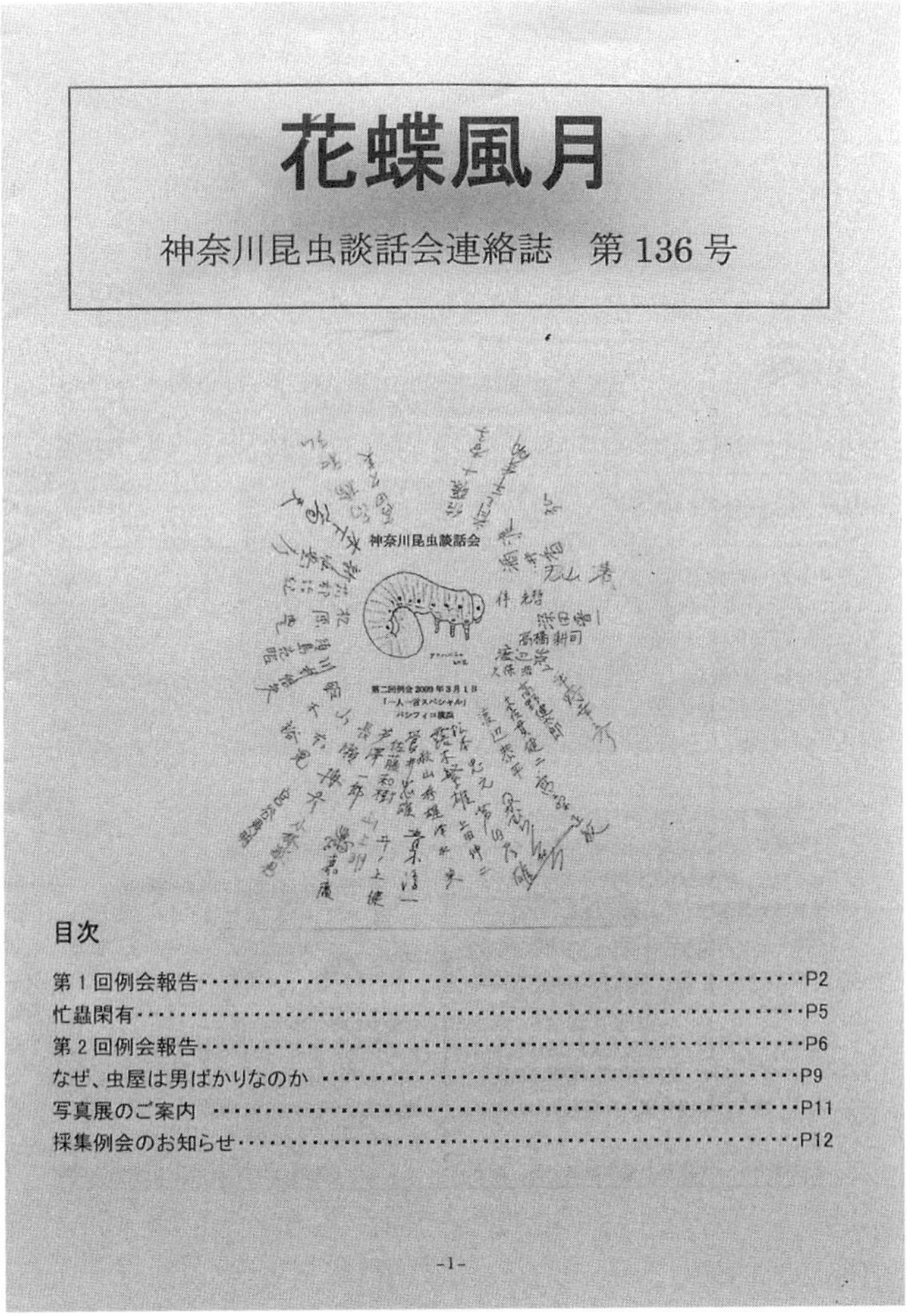

花蝶風月

神奈川昆虫談話会連絡誌　第136号

目次

-1-

図17　神奈川昆虫談話会の連絡誌『花蝶風月』。「鳥」を「蝶」に換えたところがミソ。

物の探索範囲を自ら狭めてしまっていることが多い。先入観のないアマチュアだからこそ、思いもかけない発見をすることもある。矢野君が新種のダニをみつけたヒノキの人工林など、私は見向きもしないで通り過ぎていたのであるから。

とくに昆虫の場合、趣味で昆虫を集めたり研究したりしている同好者の集まりがあって、全国各地に○○昆虫同好会というのがあり、多いところでは一つの県に三つも四つもの同好会や研究会が存在する。ちょっと興味をもった人はひとまず入会してみるとよい。会員にはサラリーマン、会社役員、学校の教員、お医者さん、県会議員、レストランの主人、写真家などじつにさまざまな職業の人たちがいて、ほとんどの場合、それらの職業はあえて明かすこともなく、ただただ虫が大好きだということのみでつながっており、話題がはずんでいる。ほとんどの同好会では機関紙をもっていて、それには啓蒙記事や解説のほか、ちょっとした発見をごく短い文章や写真で発表する場も設けられている（図17）。自分の発見が記事になり印刷されることは、とてもうれしいし、それがまた専門家の人たちにとってもとても貴重な資料になることがある。

博物学に対するこうしたアマチュアの人たちの貢献は、どういうわけか昔からイギリスやチェコスロバキア（現在のチェコとスロバキア）で多かったが、日本でもそれに劣らず多い。現在はほかの国々でもイギリスと日本を見習っているわけではないだろうが、アマチュアの人たちの活動が活発になってきているらしい。

第5章——分布を調べる——生物地理の視点

1 生物地理区

博物学の中身について、生物学の部分では分類、生態、生活史の研究などがおもなものであるが、それに加えて生物地理が入ってくる。なぜなら、分類学者は種類の形態を比較研究して記載すると同時に、それぞれの種がどのように分布しているかに強い関心をもっているからである。

まず、この地球を巨視的に眺めてみよう。地球上にはいくつかの大陸があるが、それは過去に移動し、つながったり離れたりの歴史を繰り返した。また、氷河期の到来や衰退にともなう海面の上昇、下降による陸地の結合・分断、緯度による気候の差など、さまざまな障壁によって生物はそれぞれの地域で独自の進化を遂げ、地域により異質な生物相を発展させてきた。その結果を考慮し、現在における地球上の生物分布は動物・植物それぞれ六つの地理区にまとめられている。

まず、動物地理区については、大きく北半球の北界と南半球の南界に分け、北界は旧北区と新北区の二つに、南界はエチオピア区、東洋区、オーストラリア区、新熱帯区の四つに、計六つの区に分けられている（図18）。旧北区はヨーロッパ、アフリカ北部、中国、極東、それに日本の大部分も含まれ、新北区とともにもっとも大きい地理区を形づくり、代表的な動物としてはウマ、ラクダ、ヒツジ、カモシカ、ムササビなどがある。新北区は北米の大部分やカナダ、グリーンランドを含み、エダツノカモシカ、ロッキービーバー、ドクトカゲなどに代表される。エチオピア区はアフリカの大部分を含み、日本では動物園でしかみられないカバ、キリン、ダチョウ、チンパンジーなどに代表される。東洋区は東南アジアを中心に台湾や日本の南部（琉球）を含み、クジャク、オランウータン、メガネザル、オオコウモリ、ハブなどによって特徴づけられる。新熱帯区は南米、中米を含み、ナマケモノ、アルマジロ、オマキザルなどに代表される。オーストラリア区はオーストラリアとニューギニアを中心とし、有袋類であるカンガルー、コアラ、原始的な哺乳類であるカモノハシ、鳥ではエミューなどに代表される。

植物地理区は動物地理区とそれほど大きな違いはない。大まかにいえば、植物地理区では動物の旧北区と新北区が一緒になって全北区とよばれ、エチオピア区、東洋区が合わさって旧熱帯区となり、オーストラリア区と新熱帯区はそのまま、南極区がつけ加わっている。

これらの巨視的な生物地理は私たちの念頭に置いておく必要はあるが、実際に使われることは少な

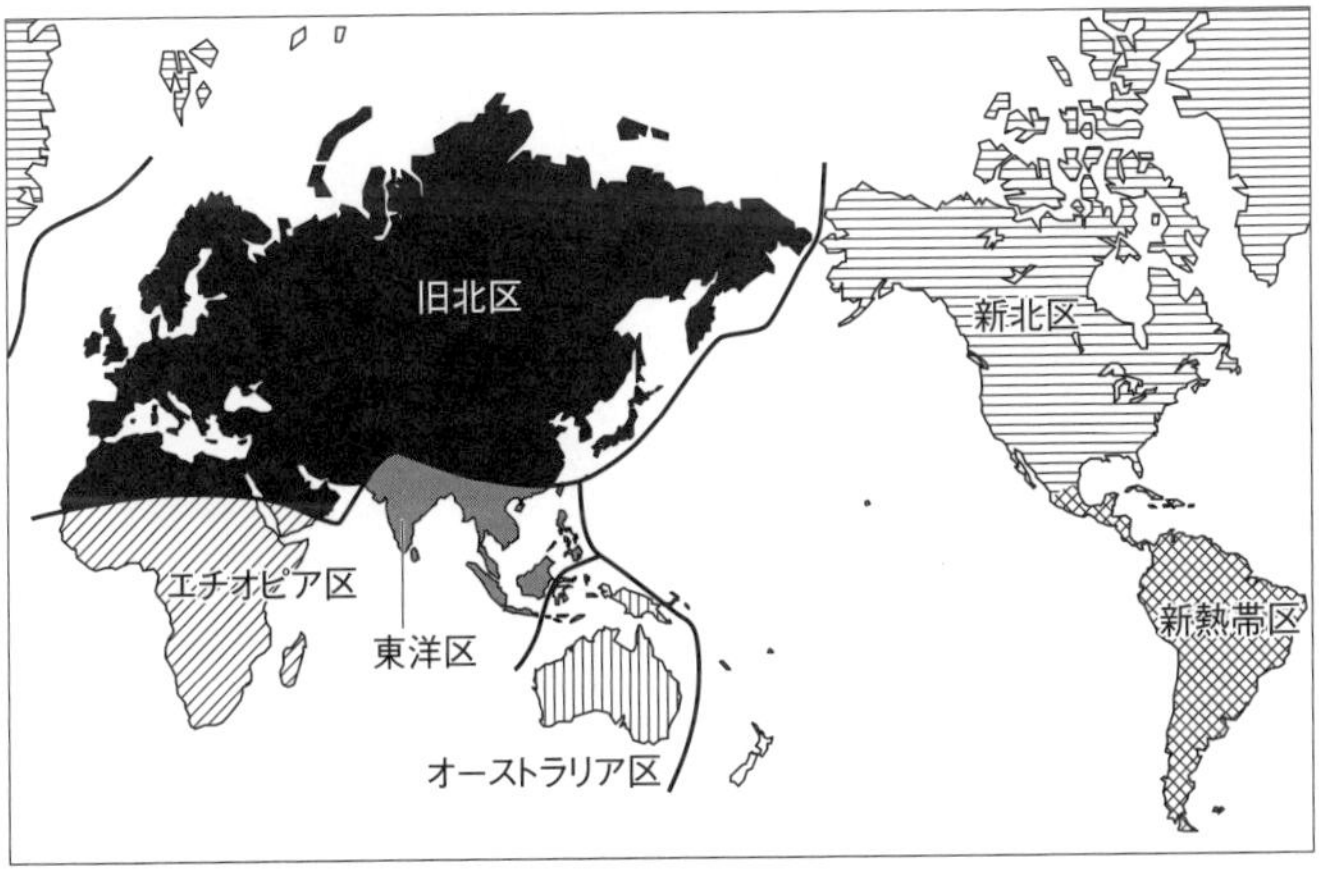

図 18　世界の動物地理区。（Wallace, 1876 を改変）

い。ある生物群の世界中の種を扱ったモノグラフを書く場合などには必要になってくることはあろう。唯一、日本の動物は地理区でいうと旧北区と東洋区にまたがっており、植物の場合は全北区と旧熱帯区にまたがっているということを覚えておく必要がある。そのまたがりの境界はどこにあるかといえば、いろいろな議論もあるだろうが、だいたいのところ奄美大島以南が動物の東洋区、植物の旧熱帯区、それよりも北のほうが動物の旧北区、植物の全北区と考えてよいだろう。日本列島を気候区分で温帯と亜熱帯に分ける場合にも、同じ境界を考えてよいと思う。余計なことではあるが、奄美大島までは鹿児島県に属し、それより南は沖縄県、神社は奄美大島まで存在し、それより南では御嶽（うたき）または御願（うがん）となり、お酒は奄美大島までは焼酎、それより南では泡盛となる。

2　分布境界線

生物の分布の境界線については世界各地で提唱されているが、日本列島付近だけでもかなり多くの分布境界線が引かれている（図19）。北のほうから順に、以下のような線である。

八田線

八田三郎が提唱。樺太と北海道の間の宗谷海峡に引かれた境界線で、両生類、爬虫類、淡水性無脊椎動物などの分布の様子から提唱した。

ブレーキストン線

ブレーキストン（ブラキストン）とプライヤーが提案。北海道と本州の間の津軽海峡に引かれた境界線で、主として哺乳類の分布に着目して提唱された。この線から北にはヒグマ、エゾシカ、シマリス、キタキツネなどが、この線から南にはツキノワグマ、ニホンザル、ニホンジカなどが分布する。「ブラキストン線」と表記した書物が多いが、提唱者の Blakistone の正しい発音にもとづいて、最近の教科書では「ブレーキストン線」と表記している。

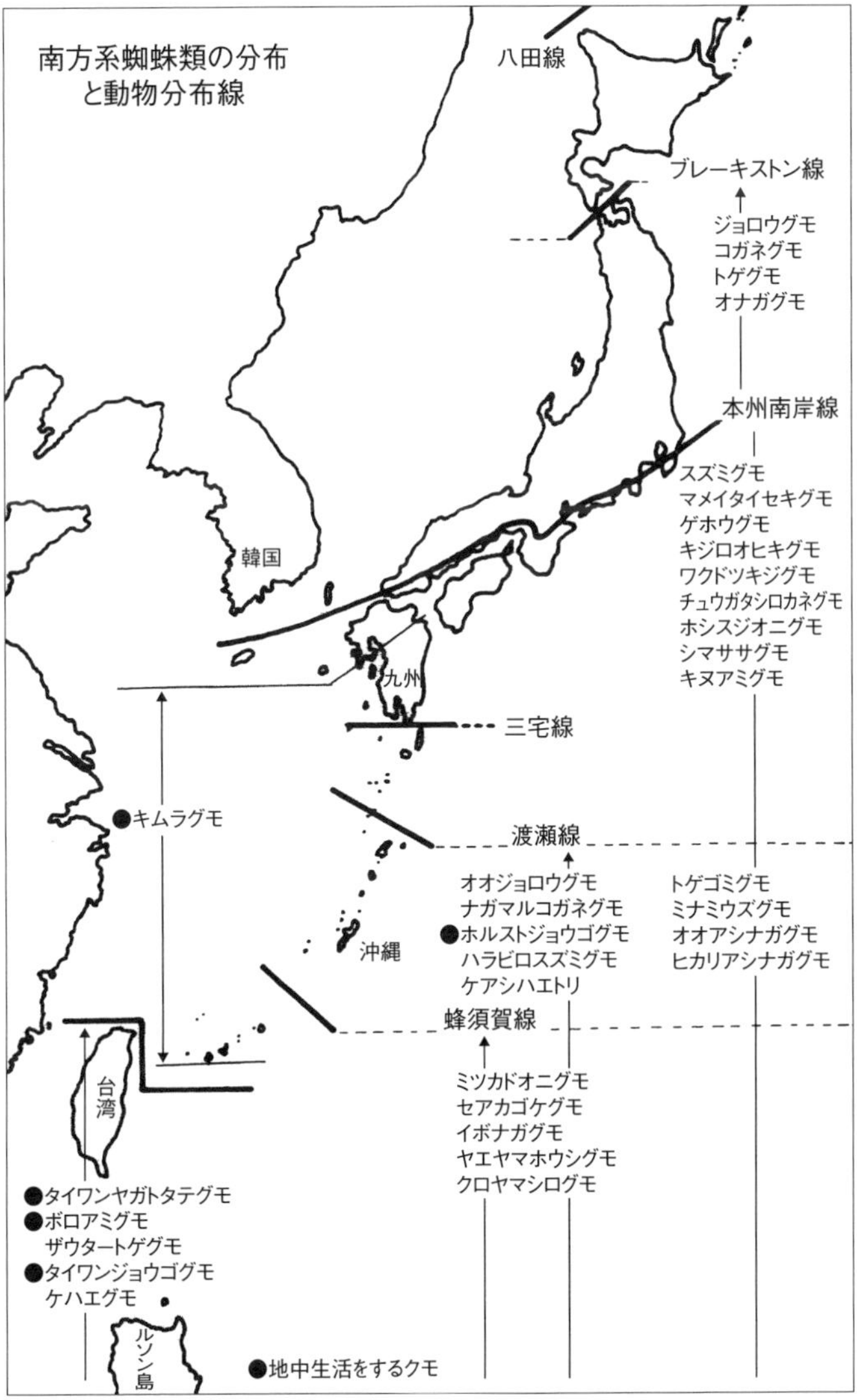

図 19　日本列島に引かれた動物の分布境界線とクモの分布。(池原・下謝名, 1975 を改変)

本州南岸線

西は韓国済州島の北から対馬の南、山口県、瀬戸内海の北岸、奈良、静岡、千葉まで引かれた境界線で、多くの暖温帯系の生物の北限にあたっている。植物のハマオモトの分布の北限に沿って引かれた「ハマオモト線」とほぼ一致する。

三宅線

江崎悌三が提唱。鹿児島県大隅半島と屋久島・種子島の間の大隅海峡に引かれた境界線で、おもにチョウの分布に着目して提唱された。多くの動物群で下記の渡瀬線が重要視されているなか、チョウの分布に限っては三宅線のほうが支持されている。

渡瀬線

渡瀬庄三郎が確認、岡田弥一郎が命名。屋久島と奄美大島の間の七島灘、もう少しくわしくいえばトカラ列島の悪石島と小宝島の間に引かれた境界線で、多くの分類群に適用されて支持されているもっとも有名かつ重要な分布境界線である。動物の旧北区系の種と東洋区系の種の分布が仕切られる線とされている。

蜂須賀線

蜂須賀正氏（まさうじ）が気づき、山階芳麿が命名。南西列島（琉球列島）の沖縄諸島と八重山諸島（宮古島、石垣島、西表島などを含む）の間に引かれた境界線である。有名な渡瀬線よりも、蜂須賀線こそ旧北区と東洋区を仕切る線にふさわしいという意見もあるが、動物群によってどちらを支持するかが分かれる。カンムリワシ、シロガシラ、ヤエヤマサソリ、マダラサソリの北限、キムラグモの南限とされる。

このほかに、朝鮮半島と対馬の間に引かれた朝鮮海峡線がある。

実際に動物群ごとに調査された例を示そう。下謝名松栄は一九七五年、日本列島において南方系のクモ類がどのあたりまで北上して分布しているかを調査し、一つの図にまとめた（図19）。南からやってきたミツカドオニグモ、セアカゴケグモは蜂須賀線で止まり（後者は最近人為的に本州へ運ばれた）、オオジョロウグモ、ナガマルコガネグモなどは渡瀬線で止まり、スズミグモ、ゲホウグモなどは本州南岸線まで到達し、ジョロウグモ、コガネグモはブレーキストン線まで北上していることがわかる。

3 生物分布図の作成

ある生物の分布を地図上に表したものが生物分布図といわれるが、調査の方法の違いにより、さまざまな分布図がある。ここには私なりに分類した分布図の種類ごとに述べていきたい。

発見地点分布図

点分布図ともいう。ある生物が発見された地点をたんに地図上にプロットしたものである。いま、近畿、中国、四国地方に分布する生物について作成された例(仮想の例)を図20に示す。もっとも一般的で、普通に作成される分布図であり、ここではこのような形式の分布図をかりに「発見地点分布図」と呼んでおこう。この分布図から得られる情報は、少なくとも点を打たれた箇所にはその生物が確実に生息しているということのみである。点が打たれていないところには、その生物が生息しているのか、いないのか判明しない。生息していない可能性もあるし、たんに調査が行われていないために点が打たれていないだけのことかもしれない。なにごともイエスの証明は簡単であるが、ノーの証明はむずかしい。また、この図をみると、紀伊半島の和歌山県に分布が集中しているようにみえる。しかし、これもたんに和歌山県で調査が頻繁に行われたために分布点が多くなっているだけのことかもしれない。以上のように、発見地点分布図は正直な分布図ではあるが、上に述べたような不充分さ、欠点をもっている。

県別分布図

発見された地点を正確に地図上に示せなくとも、都道府県別に区切られた範囲のなかに分布するかどうかを示したものをかりに「県別分布図」と呼んでおこう。この分布図をつくるためのデータを得るのは容易で、図で示されていなくとも採集地点の記述さえ集めればよく、それが何県に属するかを調べればよいだけである。正確な場所でなく、だいたいどのあたりかを示す漠然とした記録も使える。一カ所でもみつかれば、その県全体を図上で塗りつぶすことになる。やはり、近畿、中国、四国地方を例にとって示せば図21のようになる（仮想図）。ただし、県別というのは行政区画であるから、生物学的な意味はなく、たんに便宜上の区画にすぎない。しかし、大まかな分布範囲を知るためには手軽でよい。ここでも、発見地点別分布図の場合と同じような問題がある。塗りつぶされていない県にはその生物が分布していないのかどうかはわからず、たんに調査が行われていないだけのことかもしれない。後で判明することであるが、岐阜県、愛知県、滋賀県、京都府では調査が行われたにもかかわらず発見されず、大阪府では調査が行われていなかった。したがって、大阪府では今後の調査によって発見されるかもしれない。

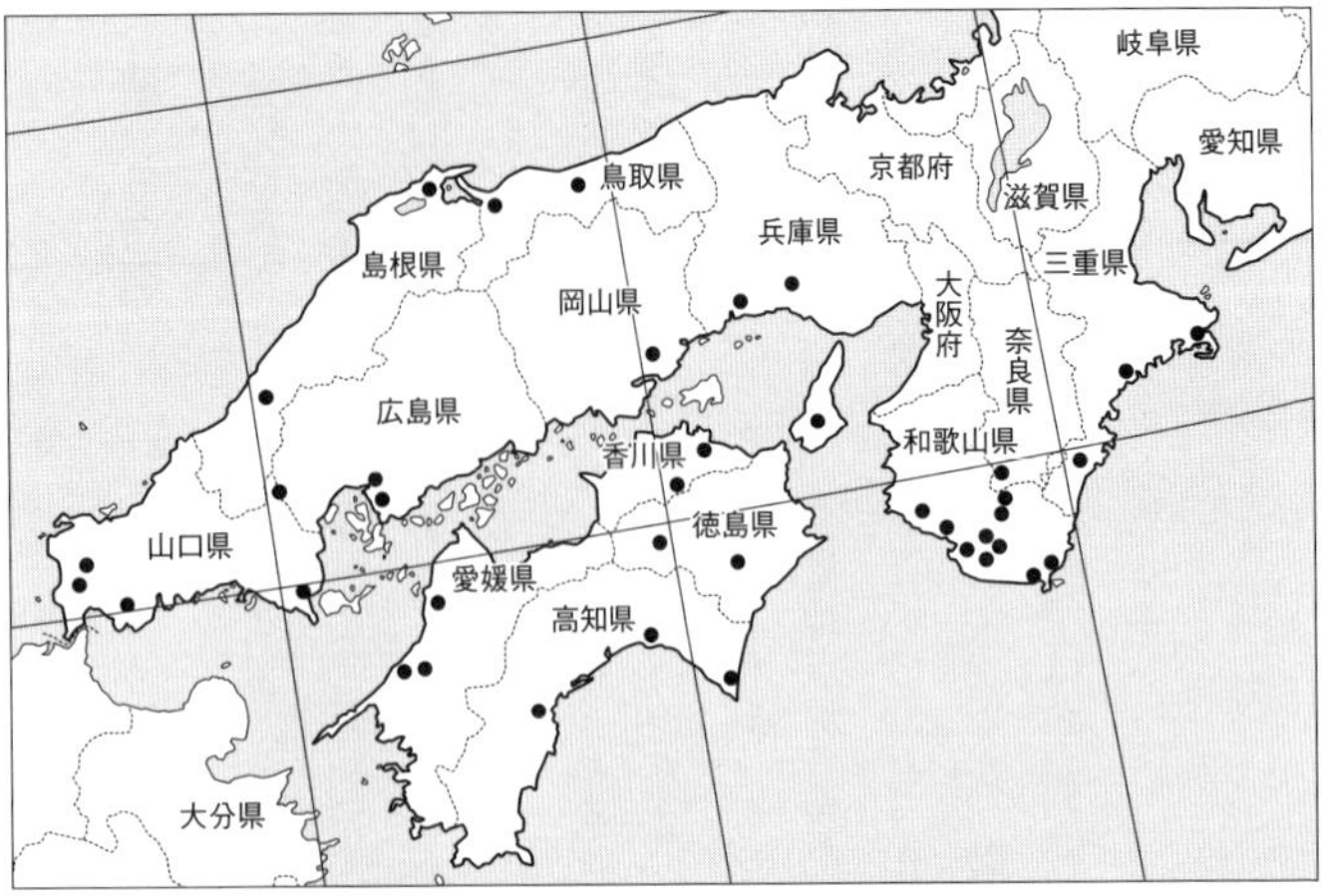

図 20 「発見地点分布図」の例。

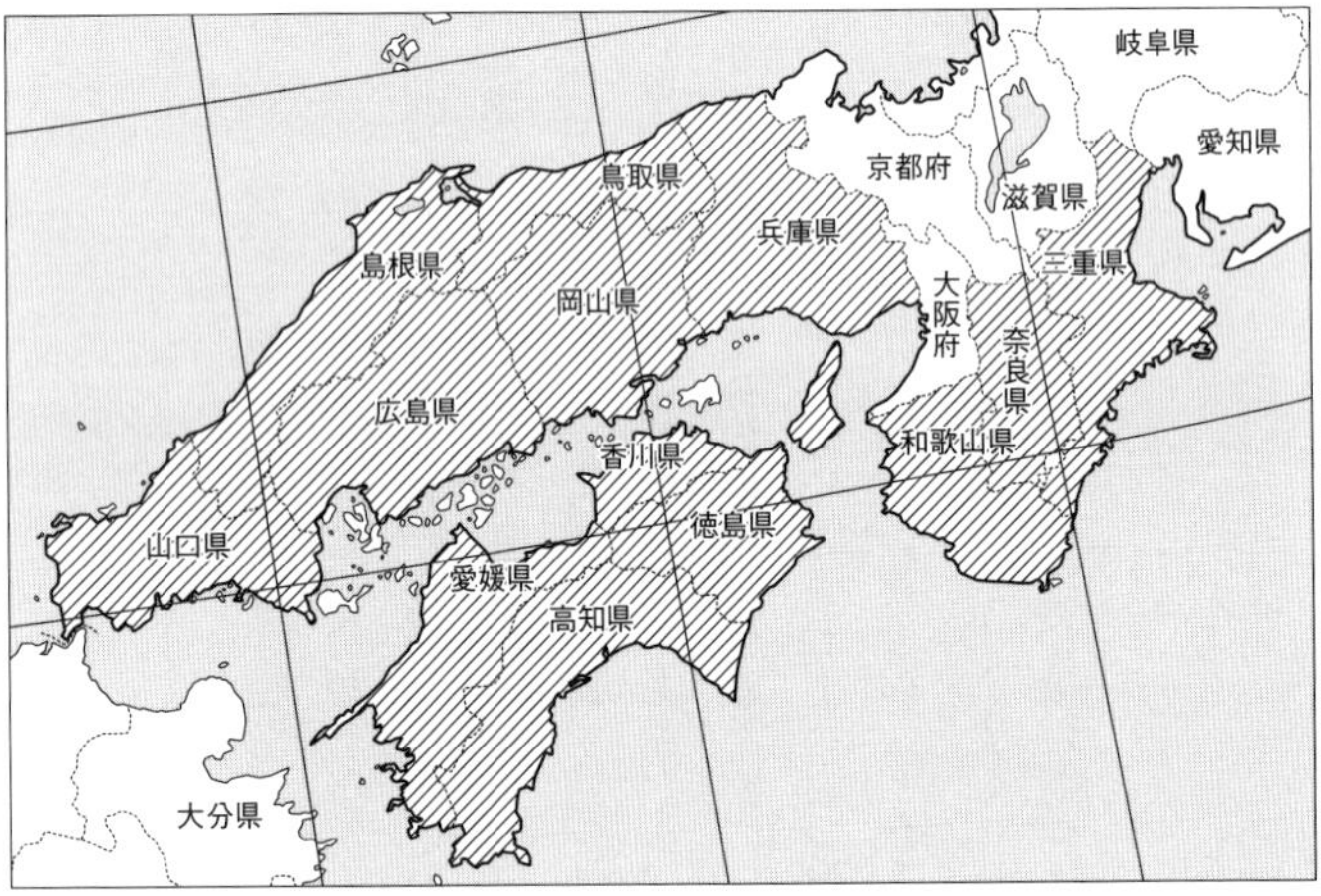

図 21 「県別分布図」の例。

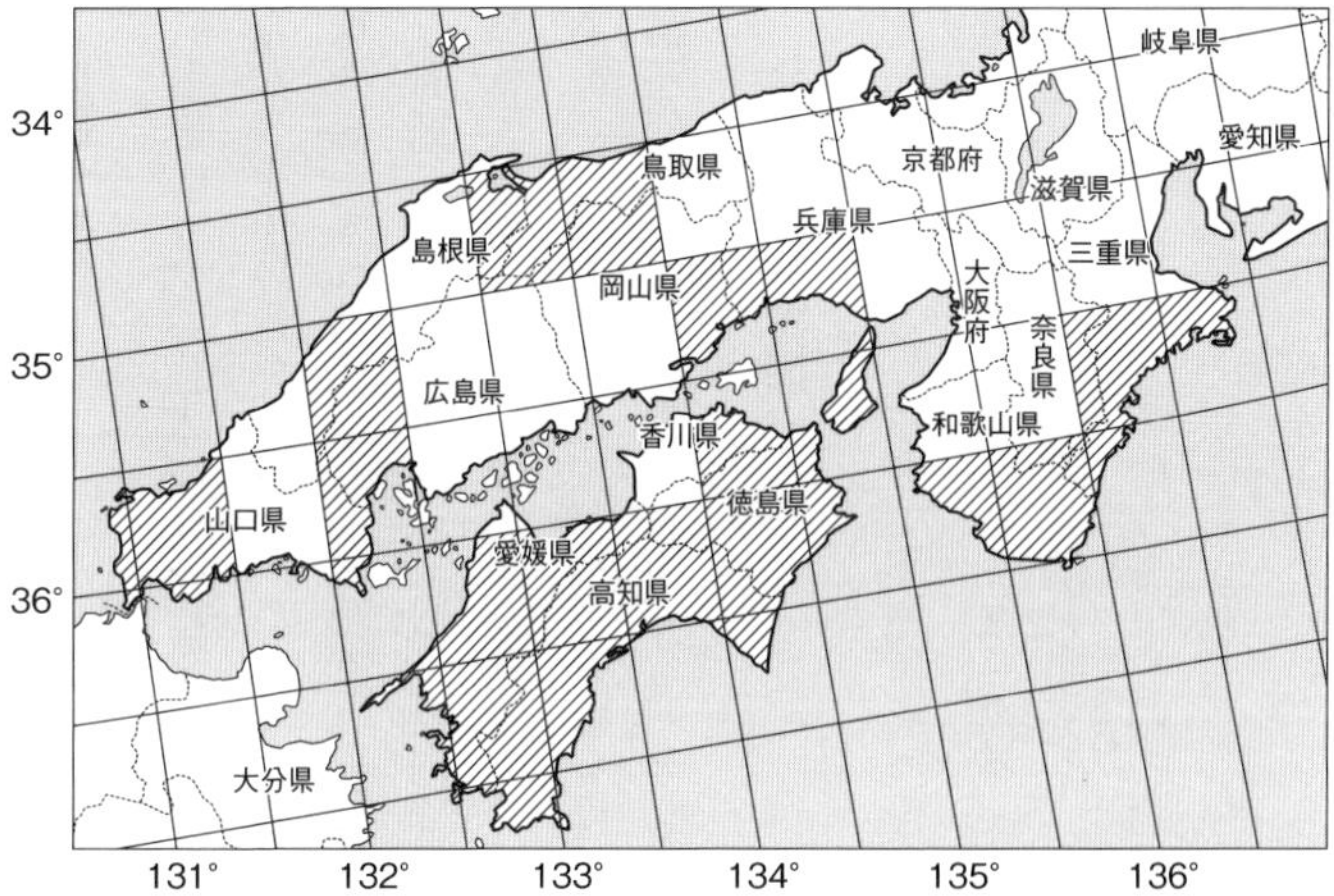

図 22　「区画分布図」の例。

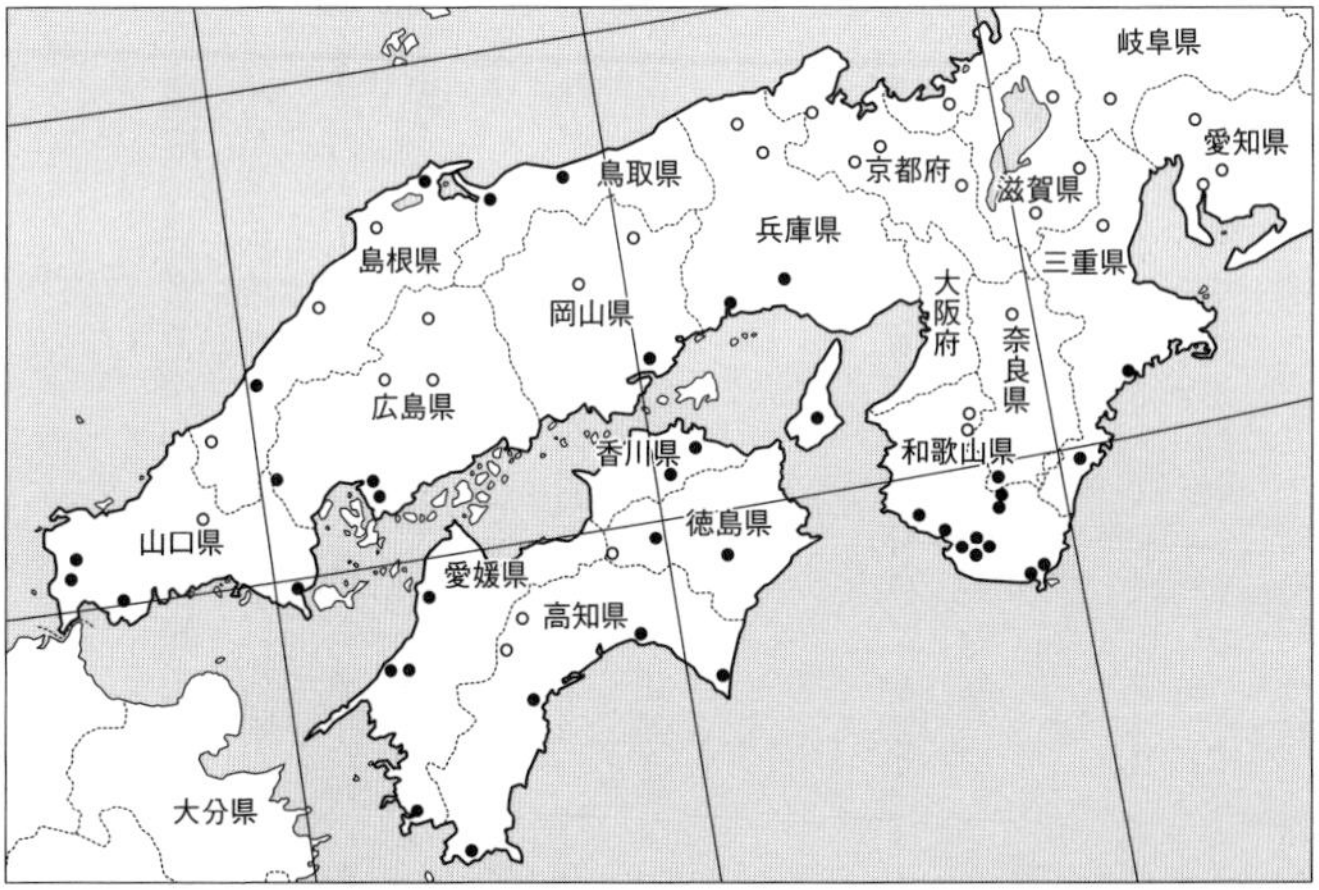

図 23　「発見有無分布図」の例。

区画分布図

生物にとって意味のない行政区分による区分けをやめて、緯度・経度を用いた機械的な線引きによる升目を用いた分布図を、ここではかりに「区画分布図」と呼んでおこう。図22に示した例は、南北、東西をいずれも○・五度の緯度、経度で区切って縦横の線を入れたものである。この方式では、県別分布図にみられたように、広い県内でたった一地点の発見で県全体を塗りつぶしてしまうような「乱暴さ」がなく、もっと正確な分布図ができているようにみえる。しかし、ここでも同じような問題があり、白抜きの区画では発見されなかったのか、調査が行われていないのか判別がつかない。ただし、県別分布図でも区画分布図でも、全県、全区画を調査したうえで作成したのであれば、問題はない。

発見有無分布図

上記の三つの分布図で問題になった点を解決するために、ここに「発見有無分布図」を提案する。この分布図では、原則として「調査して発見された地点」とともに「調査しても発見されなかった地点」の両方ともを地図上に表記する。図23に例を示したように、地図上には調査した地点のすべてを○印で書き込み、そのうちでその生物が発見された地点だけを黒く塗りつぶしていく。こうすることによって、確実に分布する地点とともに、分布しないであろうと予測できる地域もわかってくる。もちろん、さらに調査を進めていくうちに、黒く塗りつぶされる○印も増えていくであろうし、新たに付け加えられる●印も増えていくであろう。例に示した図23では、いまのところ少ない調査地点数ではあるが、岐阜県、愛知県、滋賀県、京都府では調査が行われたにもかかわらず発見されておらず、大阪府では調査が行われていないので、分布の有無はわからず、今後調査をする必要があることが示されている。分布図上に生息する地点だけではなく、生息しないであろう地域までも表示しようとするならば、調査の精度を高める必要がある。あるいは「いない」と断言するのはむずかしいので、一つの方法として、調査の方法を一定の基準にしたがって定め、「これだけ踏査した限り見出されなかった」という見方をするのもよいであろう。

もう一つの実際の例を示そう。私が琉球列島のササラダニ類の分布調査をまとめた際に使用した分布図である。図24はまだ調査結果を書き込んでいない基図であるので、ダニ以外の生物で琉球列島における分布を調査されている方は、どうぞ利用してくださってもかまわない。この図では、もう一つの工夫がなされている。それぞれの島の大きさを表現したかったが、実際の面積の比を忠実に円の大きさで表すと、大きすぎる円と小さすぎる円ができてしまう。そこで、面積比はあきらめて面積の大きさの順だけがわかればよしとし、島の面積の対数値を採用した。これによって地図中の円をみれば、大きい島か小さい島か、およそのことがわかるであろう。さらに、重要な生物分布境界線を書き込み、各種の分布がそれらの境界線にしたがっているかどうかをみられるようにした。調査の結果、その種が発見された島の円を黒く塗りつぶしてできあがった分布図は琉球列島から見出されたササラダニの種数（三二九種）に応じて三二九枚に達したが、そのうちの四枚だけを示す（図25）。これをみると、

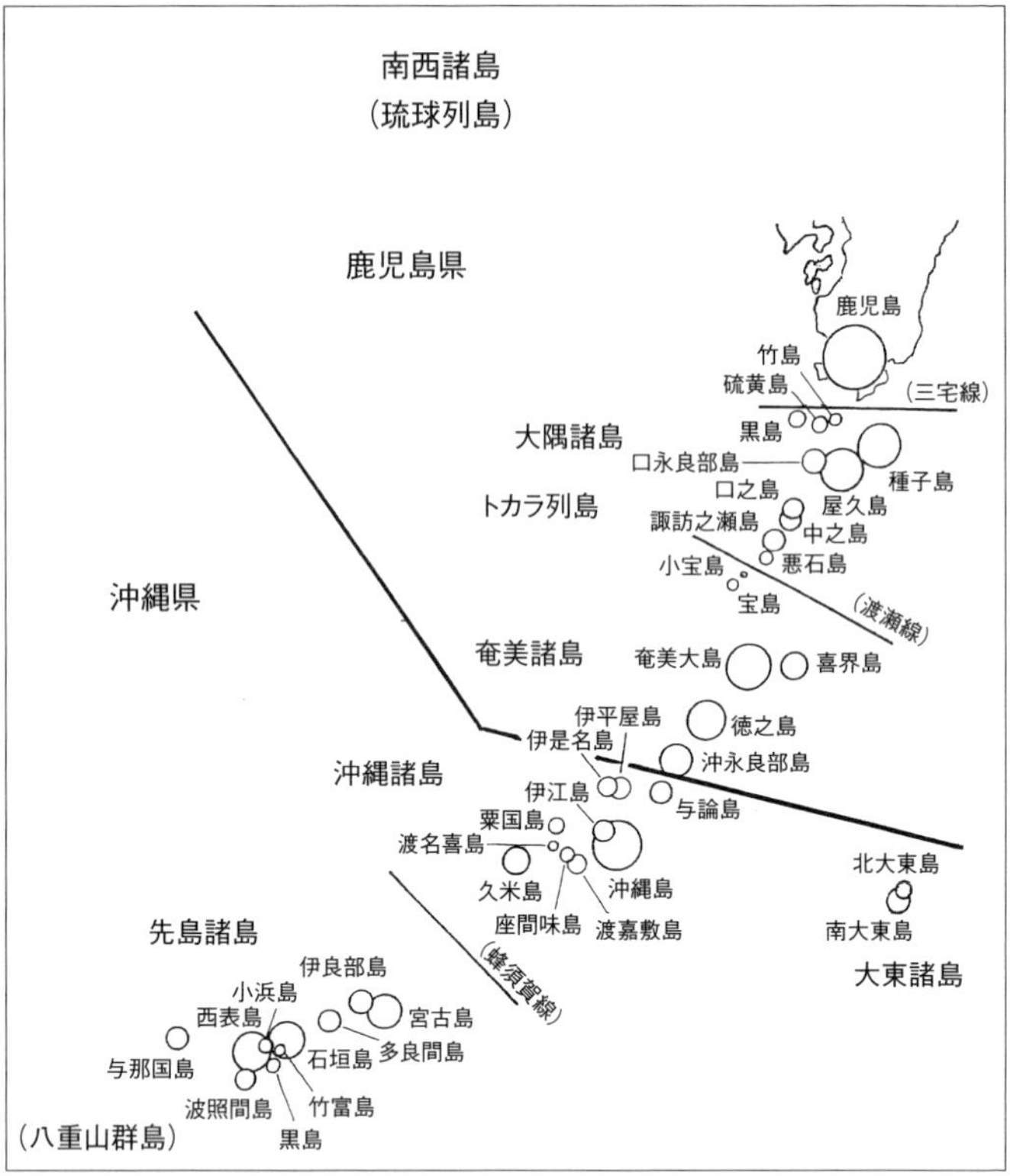

図 24　南西諸島の生物分布図作成のための原図（生息が確認された島を黒く塗りつぶしていく）。島を示す円の大きさ（半径）は島の面積の対数値に応じて大小関係を表現してある。（青木，2009a を改変）

コノハイブシダニはほぼ琉球全域に分布し、マルタマゴダニは北から蜂須賀線まで、コンボウフリソデダニは逆に南から渡瀬線まで、コノハウズタカダニは蜂須賀線から南だけに分布することが一目瞭然となる。ここには示さないが、琉球列島のなかでも大きい島だけに生息する種も地図をみてわかったのである。

気候区分生物分布図

日本列島は山国であるから、生物の分布も緯度・経度だけでは決まらない。緯度の低い地方でも標高の高い場所には北方系の種が生息し、緯度の高い地方でも低地には南方系の種が生息する可能性がある。そこで、緯度経度で縦横の升目を入れた国土地理院の二〇万分の一地形図を基本に、日本に存在する五つの気候帯区分を加えた分布図を提案した（青木、一九八三）。五つの気候帯とは暖かいほうから亜熱帯、暖帯（暖温帯）、温帯（冷温帯）、亜寒帯、高山帯の五つである。最後の高山帯は標高帯であって気候帯ではないが、日本では亜寒帯がほぼ高山帯になるので、わかりやすいようにこの呼称を用いた。実際の地図上では、これら五つの気候帯を表す☆印、○印、□印などの図形を決め、それぞれの升目の中にこれらの図形（存在するものだけ）を描き込んでおく（図26）。そして調査の結果、生息が確認されたものの升目とそのなかにある気候帯図形を確かめ、黒く塗りつぶしていく。

ただ、一つ断っておくべきことは、二〇万分の一の区画の区分にあたっては国土地理院の区画の範囲と名称にほぼしたがってあるが、生物学的見地から部分的に修正を加えてある（図27）。たとえば、

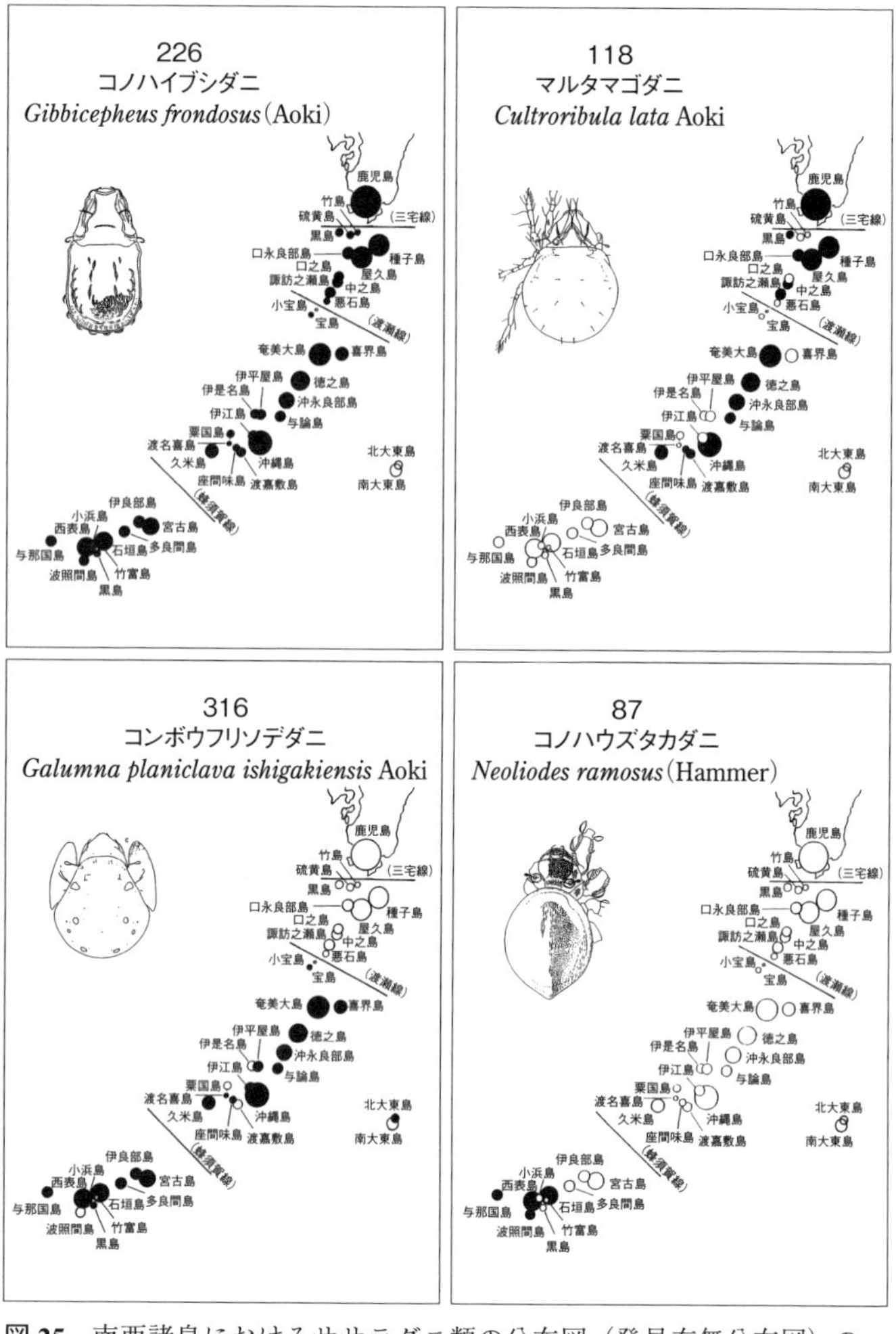

図 25　南西諸島におけるササラダニ類の分布図（発見有無分布図）の一部。（青木，2009a）

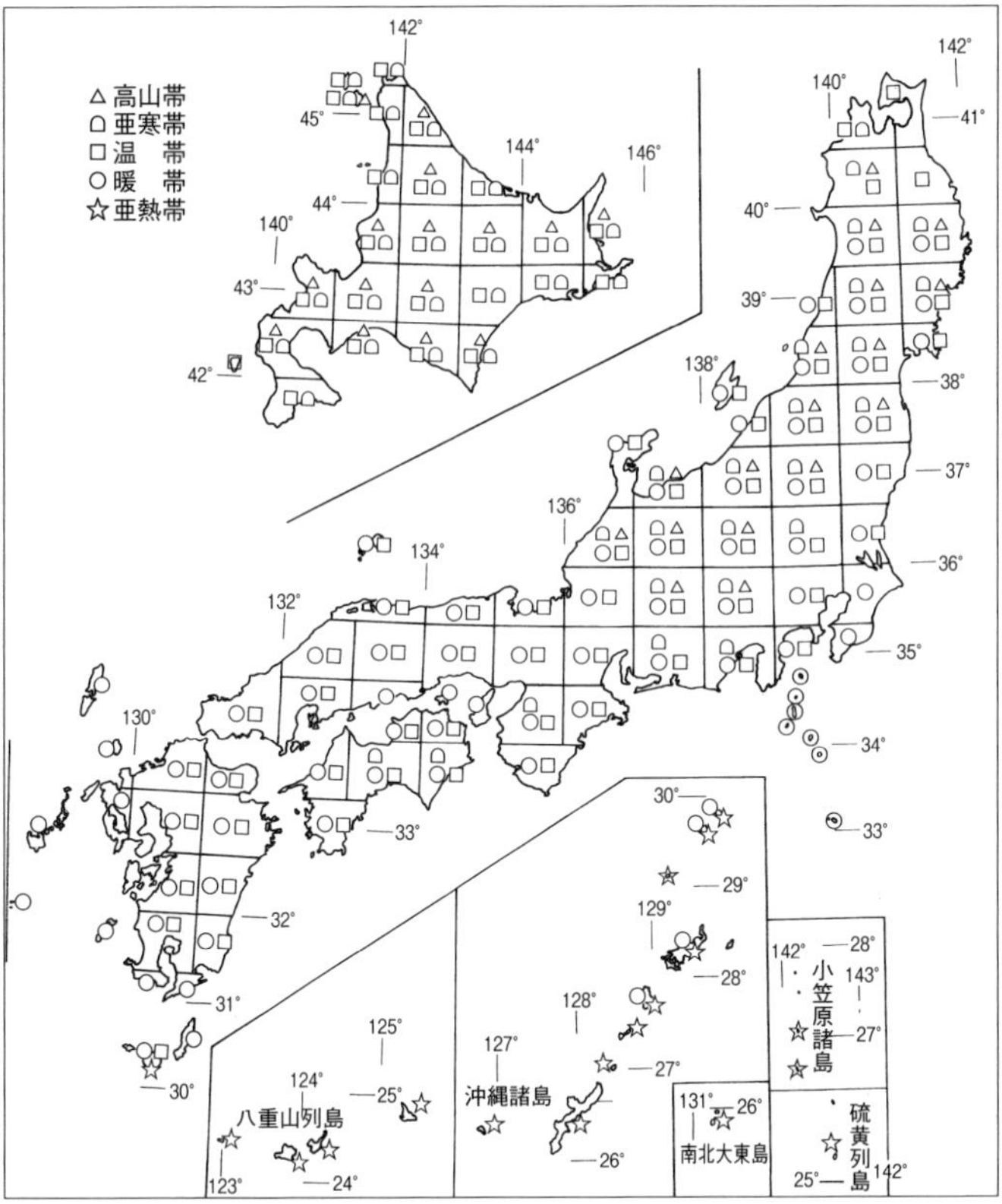

図 26　日本の気候帯を考慮に入れた生物分布図（気候区分生物分布図）。（青木・原田，1983）

①小さな陸地しか含まない区画は隣接する区画に含ませ、後者の呼称または新しい呼称を用いた。たとえば、「男鹿」は「秋田」の左上にわずかに飛び出した部分のみであるので、「秋田」に含ませた。また、下北半島は「野辺地」「尻矢崎」「函館」「青森」の四つにまたがっているので、これらをすべて「野辺地」に含ませ、名称を「下北」とした。②一つの区画が海によって隔離されている場合には二つに分割し、それぞれに適当な区画名を与えた。たとえば、区画「開聞岳」には薩摩半島の南部と大隅半島の南部が海によって隔てられているので、二つに分けて「指宿」および「佐多岬」とした。③北海道・本州・四国・九州以外の島々の取り扱いに関しては、生物学的見地から島を一単位としたほうがよいので、一区画内に島が複数含まれている場合でも、逆に一つの島が複数の区画にまたがっていようとも、一つの島は一つの島として扱った。たとえば、区画「三宅島」には四つの主要な島が含まれるが、それらをすべて個別に「利島」「新島」「神津島」「三宅島」とした。逆に佐渡島は「相川」と「長岡」の二つの区画にまたがっているが、これをまとめて「佐渡島」とした。また、群島、諸島、列島などとしてまとめて扱ったほうがよいものは、そのようにした（男女群島、五島列島）。

この気候区分生物分布図を完成すべく私が始めた日本列島のササラダニ類調査は、すべての升目についてすべての気候区分に属する地域で最低一〇地点を網羅するために行われ、その結果、調査地点数は約三〇〇〇地点に達した。この分布図が完成すれば、ある種の生物の地理的分布範囲が大まかにつかめ、同時に分布しない地域も判明し、さらに同じ地域内での気候帯による分布の違いがわかることになる。このためには、助手の原田洋氏（現在は名誉教授）とともに二〇年の歳月と莫大な旅費の

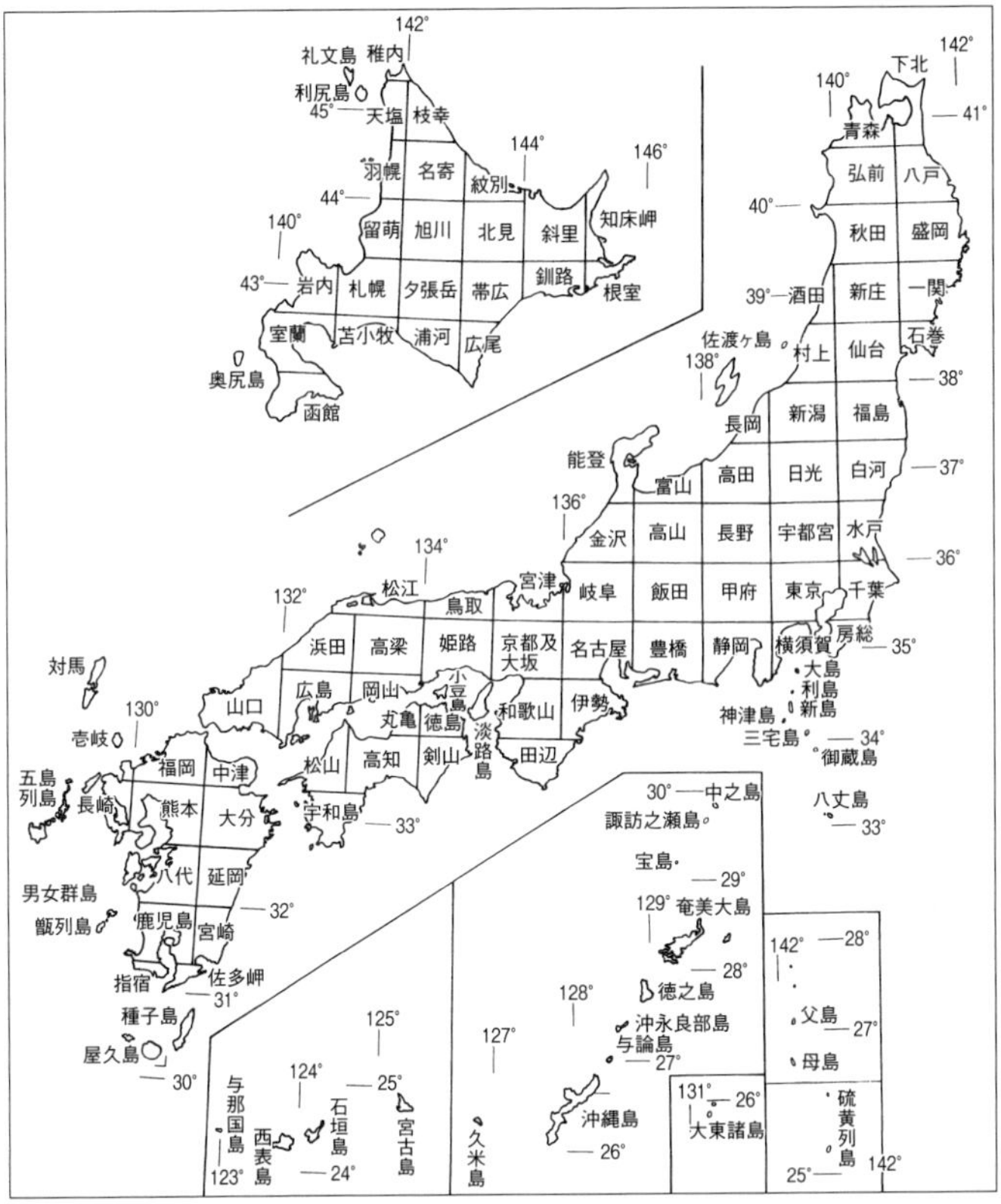

図 27　生物の分布調査のための日本列島の区画。国土地理院の 20 万分の 1 地形図を生物学的見地から一部改編したもの。（青木・原田，1983）

支出を余儀なくされた。この調査によって採集された土壌動物のサンプルは、多量の液浸標本として いまもなお横浜国立大学の研究室に保管されている。しかし、それを用いた分布図の完成にはいたっていない。だれでもかまわないが、それぞれの専門の生物群について、この気候区分生物分布図を完成させてくださる方はいないものであろうか。図27を白地図として利用していただいてよい。私は先を越されてもかまわない。

4　垂直分布

生物の地理的分布といえば、普通は上から俯瞰した水平的な分布を指すが、横から眺めて高さの違いを念頭に置いた垂直分布もある。同じ地域でも、海岸に近い低標高地と高山の山頂に近い高標高地では、当然のことながら気候も違い、生息している生物も種が違ってくる。平地から山岳地帯へ車で登っていくにつれ、窓からみえる景色が変わっていく。その景色の変化は樹木の変化によることが多い。とくに冬季にはその違いが歴然とする。冬も濃い緑の常緑広葉樹や竹林がめだつ森林からやがて葉をすべて落とした落葉樹の世界に入っていき、さらに登っていくとふたたび濃い緑の針葉樹の世界に入っていく。車窓からは植物の違いしかわからないが、植物相の移り変わりにつれて動物相も変化していく。日本列島の場合、気候帯区分でいくと熱帯と寒帯は存在しないことになっており、日本に

表2　日本の気候帯と生態学的垂直分布帯との対比。

気候帯	垂直的生活帯	森林帯	植物帯
亜寒帯	高山帯 亜高山帯	ハイマツ帯 針葉樹林帯	ハイマツ帯 シラビソ帯
冷温帯 （温帯）	山地帯	夏緑樹林帯	ブナ帯
暖温帯 （暖帯）	低山帯	常緑広葉樹林帯 （照葉樹林帯）	シイ・タブ帯
亜熱帯			

ある亜熱帯から亜寒帯までの気候帯と垂直的な生物の配置を対比してみると、表2のようになる。

低く温かいほうからみていくと、琉球列島の奄美大島から南および小笠原諸島の亜熱帯がある（図28上）。亜熱帯もその北にある暖温帯（暖帯ともいう）もともにシイ・タブ・カシを主体とし、それにヤブツバキ、ホルトノキ、ヤブニッケイなどの常緑広葉樹（照葉樹林ともいう）の世界であるが、亜熱帯ではそれに加えてヤシのなかまや木生シダ（ヘゴ・マルハチなど）が入ってくる。動物ではカンムリワシ、シロガシラ、ハブ、ヤエヤマサソリ、タイワンサソリモドキなどによって特徴づけられる。暖温帯は日本列島の平地の大部分を覆っており、日本の大都市では札幌を除いてすべて暖温帯に位置している。この低山帯でもっとも普通にみられる森林は二次林ではあるが、関東ではクヌギ・コナラ、関西ではアベマキの林となる。

山地帯は関東地方では標高七〇〇メートル以上の地帯で自然林はブナ、二次林はミズナラを主体とした森林になる。動物ではカモシカ、ツキノワグマ、モモンガ、ムササビなどが特徴的である。夏も明るい森林は冬になって木々が葉を落としてさらに明るくなり、積雪もかなりあって雪の上に獣の足跡が残る世界である。食用になるキノコの収穫が多いのも山地帯である。以前は落葉樹林帯といったが、秋にいっせいに落葉する樹木でなくとも、落葉しない木はないので、最近は夏季に緑になる林という意味で夏緑樹林という表記を使うことも多い。

山地帯を抜けるとシラビソ、トウヒ、クロベ、コメツガ、トドマツなどの針葉樹が現れ、亜高山帯と呼ばれる地帯に入っていく。高木の夏緑樹としてはダケカンバがあるくらいである。本州中部では標高一七〇〇～二五〇〇メートルくらいの範囲にある。暗く湿った森林で、林床はフカフカとしたコケのクッションに覆われる。地表に堆積する有機物の層もたいへん厚く、厚いところでは三〇センチにもなり、登山靴がズブリと潜るくらいである。登山道を歩いていても、いろいろな鳥の声が聞かれ、鳥の種類は多いが、昆虫類は少なく、昆虫の研究者は素通りしてしまう地域でもある。

さらに登って森林限界を過ぎると急に視界が開け高木はなくなり、ハイマツを主体とした高山帯に入っていく。残雪が遅くまで残り、ところどころにお花畑がある。ライチョウなどの高山鳥、タカネヒカゲ、クモマベニカゲなどの高山チョウが生息し、北海道ではヒグマもいる。ここでは亜高山帯とともに亜寒帯に入れてあるが、寒帯に入れられることもある（図28下）。

当然のことであるが、山地帯、亜高山帯、高山帯が始まる高さ（標高）は南へ行くほど高くなり、北へ行くほど低くなる。関東地方では七〇〇メートルくらいから始まる山地帯（冷温帯）が北海道では平地に近いところにあるし、北海道の北端近くに位置する礼文島では海岸近くに高山植物の群落が存在する。ここでは苦労して高い山に登ることなく高山植物に出会えるのである。これとは逆に、南

図 28　狭い日本でも植生は多様。上：与那国島のアダンの亜熱帯林。下：北海道釧路の亜寒帯の湿原と林。

方へ行くと高山に登っても高山らしくない光景に出会う。私は台湾に調査に出かけた折、富士山よりも高い山に登った。そこでは標高三〇〇〇メートル近くまで登って、日本の山ならばハイマツなどの低木林か高山草原になるはずのところ、まだ高木がそびえたっていたのには驚いたものである。

日本には屋久島という興味深い島がある。なぜかというと、日本の南方に位置しながら高山を擁し、九州全土でもっとも高い山よりも高い山が六つもある。したがって、屋久島の海岸から最高峰の宮之浦岳（標高一九三六メートル）まで生物の顕著な垂直分布がみられ、島でありながら豊富な生物相が存在する。私の専門であるササラダニ類について、この島でほぼ標高一〇〇メートルごとに土壌を採取して調べた結果は第7章の第1節に述べてある。

5　島の生物

島の定義

私たちは海中にある小さな陸地を漠然と「島」と呼んでいるが、じつは島にはきちんとした定義というか島と呼ばれるための要件がある。それは、①自然に形成された陸地であること。つまり、人工的な構造物でないこと。②水に囲まれていること。「海」でなく「水」としてあるのは、川や湖のなかの陸地でもよいからである。③高潮時に水没しないこと。以上が国連海洋法条約による定義であるが、それに加えて、ある程度の大きさに達しないことがある。この地球上の陸地を二つに分け、大きいほうを大陸、小さいほうを島と呼ぶ。では、その境界はどうかというと、オーストラリア以上の大きさのものを大陸、グリーンランド以下の大きさのものを島と呼んでいる。したがって、これらの決まりによれば、日本の北海道、本州、四国、九州はすべて「島」の範囲に入ってしまう。ちなみに、本州は世界で七番目に大きい島である。

ところで、日本は六八五二の島々からなっているという。国土交通省によれば、北海道、本州、四国、九州、沖縄の五つを「本土」、それ以外は「離島」とされている。たしかに、日本人の意識としては北海道、本州、四国、九州は島であるという意識がなく、これらを「本土」と呼ぶのはわかるが、沖縄までを含めてはいわないと思う。沖縄の「島人（しまんちゅ）」「島唄」「島酒（泡盛）」などの言葉や沖縄の人々が「本土」といった場合にどこを指すかを考えてみればわかる。また、北海道、本州、四国、九州、沖縄以外を離島というのも、あたっていない。淡路島や小豆島を離島という人はいないと思う。けっきょく、頭が混乱してきたが、日本人としては、北海道、本州、四国、九州を「本土」、それ以外を「島」、その島のなかで本土からかなり離れた小さい島を「離島」と呼ぶのだと考えておこう。

島の分類

まず、大陸島と海洋島の区別がある。大陸棚にある島、すなわち比較的大陸に近い浅い海にある島を「大陸島」（または陸島）、海洋底から直接海面に突き出した島を「海洋島」（または洋島）という。大陸島は過去に大陸とつながったり離れたりした歴史をもち、つながった時期に大陸から陸路でさまざまな生物が移入されてきた。一方、海洋島では大陸とつながった歴史がなく、そこに到達する生物は限られる。また、火山島とサンゴ礁島の区別がある。海底で火山が噴火して海面上に顔を出したものが火山島、刺胞動物のサンゴがつくったサンゴ礁が隆起してできたものが隆起サンゴ礁の島である。

さらに、多くの島が集まっている場合に、その配置によって列島、群島、諸島などの呼び名で区別する。一列に列をなして並んだ島々を「列島」（琉球列島、トカラ列島など）、群をなしている島々を「群島」（男女群島など）、とくに意味はないが、島の集まりを広く「諸島」（先島諸島、伊豆諸島など）と呼んでいる。

島の生物の特徴

島のなかでも海洋島、離島へ生物が到達するのには、多くの場合、困難をともなう。到達の手段としてはつぎのようなものがある。

①自力で飛ぶ

ほとんどの鳥にこの能力がある。脊椎動物のなかで離島に生息する鳥はいるが、自分で飛ぶことのできない哺乳類、爬虫類、両生類がいないことが多いのはうなずける。ただし、哺乳類のなかで飛行能力のあるコウモリだけは例外である。オガサワラオオコウモリ（小笠原諸島）、オキナワオオコウモリ（沖縄）、ダイトウオオコウモリ（大東諸島）などが有名である。昆虫類のなかでもチョウやトンボは自力で飛ぶ能力が高く、とくにタテハチョウのなかまが遠距離を移動するのはよく知られている。

②風に飛ばされる

私がハワイの博物館に勤務していたころ、飛行機に細かい網をつけて空中を漂っている虫の捕獲調査をしたことがあった。その結果、いろいろな虫が採集できたが、五〇〇〇メートルの上空で小さなカタツムリまでが入ったのには驚いた。水中に漂っている生物をプランクトンというが、空中に漂っている生物はエアープランクトンと呼ばれる。このように、空中にはたえず多量の生物が飛ばされ、移動している。かれらは自分の希望する行き先は指定できないが、偶然着地した場所の環境が生息に適するものであれば定着繁殖し、適さない環境であれば死に絶える。生物はこのような「壮大な無駄」を長年繰り返しつつ分布を広げていく。島への分散定着もこの方法によることがもっとも多い。ただし、この手段に耐えるためには小型で軽量であり、乾燥に耐える性質をもった生物である必要がある。しかし、普通の風では飛ばされないものであっても、台風、ハリケーン、暴風、竜巻などによって運ばれることがあり、これらの強い風が生物の分散に果たす役割は大きい。

③海流で運ばれる

山地で倒れた倒木や枝がそのなかに入り込んでいる昆虫などを抱え込んだまま川を流れて海へ出て、波にもまれながら島へ漂着することがある。海水に浸かって死滅してしまうものもあるが、流木というものは上になった面は海面の上に出たまま、下になった面は海中に浸かったまま流されていくもので、航海する生き物たちはそれぞれ自分たちがもっとも好む温度や湿度の部分に移動して流されていくらしい。どこかの島の海岸にたどり着き、その島の海岸林に入り込んで定着することは充分に考えられる。海洋島には昆虫類のなかでも幼虫が材のなかに潜っているカミキリムシ、幼虫・成虫ともに枯れ木の樹皮下で生活するゴミムシダマシ、ホソカタムシ、ヒラタムシなどの甲虫が多いことからも、流木による到達の可能性の高さがわかる。

④鳥や昆虫によって運ばれる

寄生と違って宿主の体液を吸うこともなく、ただ移動のためにほかの生物の体に付着して運ばれることを「便乗」という。土壌表層に生活するニセイレコダニのなかまは体の前体部を腹側にたたんで全体を球形に丸めることができるが、この性質を利用して鳥の羽毛を前体部と腹の間にパチンとはさみつけ、鳥に付着したまま落ちずに運ばれていく。また、ハエや糞虫といわれるコガネムシのなかまには多くのダニが便乗して運ばれる。とくに飛翔力の強いトンボの翅の付け根には、ミズダニの幼虫（幼虫だけは空中生活に耐える）がビッシリと付着していることが多い。

⑤人為的に運ばれる

島に立ち寄る航空機や船舶によって非意図的に運び込まれたものがある。材木、食品、植木などの害虫が多い。意図的に持ち込まれたものとしてはペット動物や食用動物などが多い。これらの生物は外来生物と呼ばれるが、これについて記述した書物は多くあるので、ここではくわしくは述べない（自然環境研究センター、二〇〇八、種生物学会、二〇一〇など）。一つだけ小笠原諸島の例をあげよう。父島や母島に非意図的に持ち込まれたものとしてニューギニアヤリガタウズムシというのがある。これは陸生プラナリアの一種で、おそらく土を含む資材か苗木について持ち込まれたものと思われるが、小笠原の固有種の陸貝類に大きな脅威を与えている。一方、意図的に持ち込まれたものとしては、食料として養殖された巨大なカタツムリのアフリカマイマイ、ペットとして移入されたトカゲの一種グリーンアノールなどがある。これらは室内で飼育されている限りでは外来生物とはいえないが、野外へ逃げ出して繁殖するようになると外来生物となり、小笠原特産の昆虫や貝を絶滅の危機に追い込んでいる。このアフリカマイマイの駆除が目的で導入された天敵のヒタチオビガイも意図的に導入されたものであるが、目的を果たさずにほかの貴重な陸貝類を捕食し始めてしまっている。植物でも、明治時代に薪炭用に沖縄から導入したアカギが野生化して問題になっている。

島へ到着した生物は、必ずしもそこに定着できるとは限らない。島には定着を阻む要因と定着を容易にする要因の両方が存在する。島へ到達したとしても、その島の環境がその種の生息に適する気候、すなわち適度の温度湿度を有し、なおかつ餌となる生物が存在しなければならない。とくに小さな島で標高の低い山しかない島では、環境が単純で、気候が狭い範囲に限られ、気候の季節変動や年次変動に対応して移動したり逃避したりする場所がなく、死に絶えてしまう可能性が高い。また環境の単純さから、餌となる動植物の種も少ない。両性生殖をする種では、そこで雌雄が出くわさなければならない。ただ一頭だけが到着しても仕方ないし、ごく少数個体が到着した場合も、雌雄が遭遇する機会は少ない。そこで繁殖して定着するためには、雌雄を含むある程度の大きさの個体群が到着する必要がある。ただし、単為生殖ができる種では、たとえ雌一頭でも島に到達すれば増えていく可能性をもっている。

到達した島の気候が適し、餌も存在する場合には、その種は定着に成功し大繁殖することがある。それは本土と違って島には天敵がおらず、競争相手もいないことが多いからである。ほとんどの生物群で、島では種数が少ないが生息数が本土ではみられないほど多くなっていることがあるのは、そこに原因がある。

島の大きさと種数の関係も重要である。小さな島よりも大きな島のほうが生物の種数が多いだろうことは容易に想像がつく。この関係を「種数面積関係」という。大きな島では環境も多様であるし、生息できる生物の個体群も大きいため、絶滅の危険性も低い。私は南西諸島の島々に生息するササラダニ類の種数について調査した。最初は種数と島の大きさ（面積）との関係を調べたが、どうもはっきりしない。たとえば、屋久島（五〇五平方キロ）と種子島（四四六平方キロ）の面積はそれほど違わないが、屋久島のほうがずっと種数が多い（図29）。それも当然、屋久島の最高峰は一九三六メートルの宮之浦岳であるが、種子島の最高地点は二八二メートルしかない。高い山があるほうが異なる

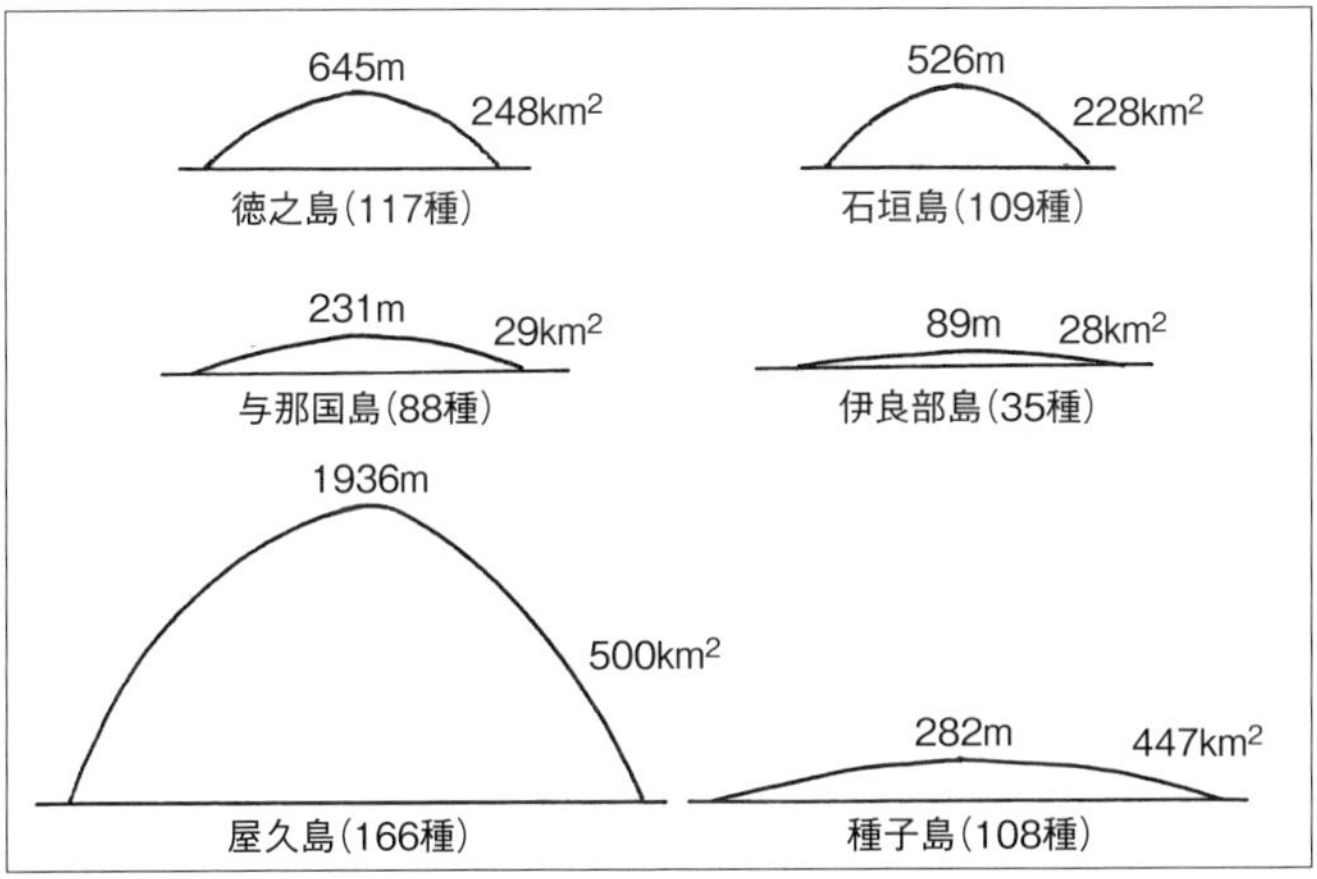

図 29　島の面積がほぼ同じ場合に最高地点標高の差がササラダニ種数に及ぼす影響。(青木，2009a のデータより作図)

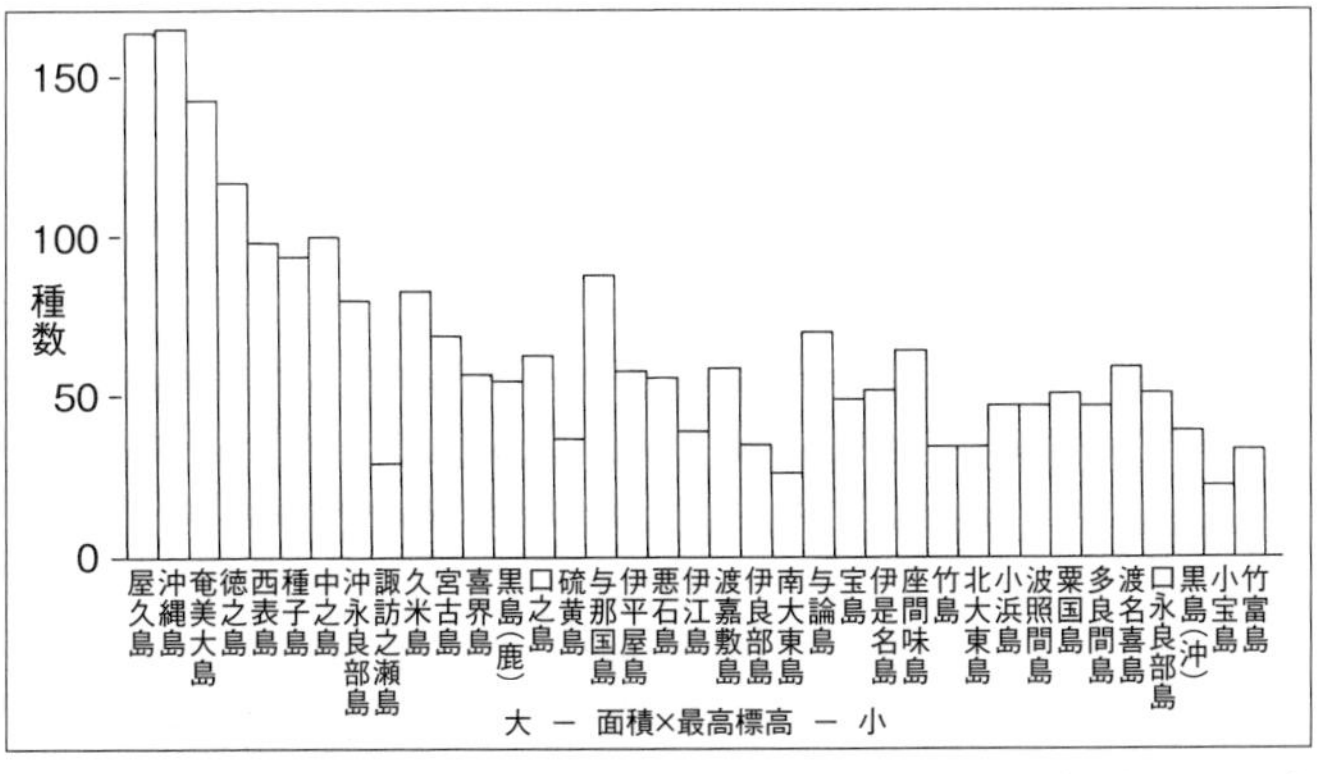

図 30　島の面積×最高標高の値とササラダニ種数の関係。(青木，2009a)

気候帯にまたがる環境が存在し、開発の影響も小さく自然環境もよく保たれる。そこで島の面積のみならず、面積×最高標高の値の大きい順に島を並べて種数を調べると、図30のようになり、たんに面積だけを考慮するよりも種数との関係がよく表された。ただし、多少不自然な凹凸があり、この数値が高い割に種数が少ない島がある。たとえば、諏訪之瀬島、硫黄島などは火山島であるために種数が少ないと思われるし、南大東島、北大東島などは本土から遠く離れた絶海の孤島であるために種数が少ないものと考えられる。すなわち、島の生物種数は、島の面積、島の高さのほか、島の成因、大陸や本土からの距離にも大きく影響されるということである。また、島の生物種数に関してはマッカーサーとウイルソンの説があり、種数は侵入種の数と絶滅確率の平衡によって決まるとされている(MacArthur and Wilson, 1967)。

第6章——野外へ出る——北のフィールドへ

1　美ヶ原で初めての新種発見——一九五六年

長野県松本からバスに乗って三城牧場へ。そこから徒歩で美ヶ原へ登り始めた私の心はときめいていた。大学の卒業論文での研究対象に決めたササラダニを初めて採集する山行であったからだ。

私が在籍していた東京大学農学部の害虫学研究室は、その名のとおり農作害虫の防除に関する研究が中心で、学部学生も大学院生も指導教官の山崎輝男先生の専門の殺虫剤の作用機構や試験研究をおもなテーマとしていた。そんななかにあって、農業とはまったく関係のない森林の土壌中に生息するダニの分類学的研究をしたいなどといいだした私は、研究室始まって以来の異端児だったに違いない。それを許可してくださった山崎先生は寛容であったのか、それとも多くの学生の指導で忙しかったために、一人くらい勝手に研究したいという者がいてもよいと思われたのか、わからない。

中学生のころから、分類学を中心とした博物学的研究の道に進みたいと心に決めていた私は、だれがなんといおうと進路を変える気はなかった。しかも、天の邪鬼な私は他人が注目しない研究対象を選んで、こっそりと研究をしたいと思っていた。そこで選んだ研究対象がダニであった。しかも、世間で注目されている寄生性のダニ、病気を媒介するダニ、農作物に加害するダニ、家屋内に発生するダニなどを避けて、わざわざ自然界の森林土壌に自由生活を営んでいる無害なダニ、ササラダニ類を研究することにしたのである。

そのきっかけとなったのは、一冊の本であった。佐々学著『疾病と動物』(一九五〇年出版)という本で、内容はノミ、シラミ、ハエ、カなどの衛生害虫であって、そのなかのダニの項に、つぎのような記述があった。「隠気門類。この類はコウチュウダニ類またはササラダニ類とも呼ばれ、昆蟲綱の甲蟲を想わせるように體が堅い甲に覆われ……(中略)……我國のこの類のダニはほとんど研究されていない。四〇科近くに分かれて多數の属を含み、極めて珍奇な美しい形をしたものが多い」。私の目が釘づけになったのは、ダニのくせに「極めて珍奇な美しい形」それに「ほとんど研究されていない」という箇所で、「よーし、それならオレがやってやろう!」という気になってしまったのである。

そうなると、もう居ても立ってもいられない。一日も早くそのササラダニという姿をみてみたい。そこで最初の採集地に選んだのが美ヶ原であった。なぜ、美ヶ原にしたのか、いまは覚えていないが、ただ地名に惹かれたのかもしれない。現在ならバスか車で簡単に行ける美ヶ原も、当時は三城牧場から王ヶ頭登山道を徒歩で登っていくしかなかった。山道を登り切ると、そこは見渡す限りの広大な草原（図31A）。放牧されたウマが寄ってきて、私の手をなめる。汗に含まれる塩がほしいらしい。宿泊の予約をしてあった山本小屋に到着。当時は宿泊するにはここしかなかった。部屋に入ると、すぐにコケモモを皿いっぱいに出してくれた。それを頬張りながら、翌日の採集を楽しみに眠る。

翌朝、宿泊料金一泊二食付き三六〇円を支払って外に出る。ササラダニというのはどんなところにいるかわからない。近くのミズナラ林やシラカンバ林に潜り込んで、手あたり次第に落ち葉や腐植土を集めて袋に入れる。ササラダニは体長が〇・五ミリ前後なので、野外で肉眼では姿はみえない。後のお楽しみで、落ち葉でふくらんだリュックを背負い下山する。

自宅へ持ち帰った落ち葉はさっそくツルグレン装置に入れて六〇ワット電球で照射する。この装置は土壌中に生息する節足動物を自動的に抽出する装置で、イタリアの生物学者ベルレーゼが考案し、それをスウェーデンの生物学者ツルグレンが改良したものである。簡単な構造で、底が金網になった容器の下に漏斗を取り付け、上から電球で照射するだけである（図31B）。なかに入れた落ち葉や土壌が乾燥するにつれ虫は下方へ移動し、漏斗を滑り落ちて下受けのアルコール瓶のなかにたまっていく仕掛けである。しかし、そんなものは市販されていないので自作するしかないため、家の近くのブリキ屋に相談に行った。自分で描いた設計図をみせると、ブリキ屋のおやじはへんな顔をしたが、なんとか引き受けてくれ、できあがった。

図 31　ササラダニの研究が開始されたとき。A：ササラダニの初めての採集地、長野県美ヶ原。B：プレパラート標本にしたダニを検鏡する大学生当時の私。後方にみえるのがダニを抽出するためのツルグレン装置。

この装置に落ち葉を入れ、スイッチを入れて二日間待つ。下受けの瓶を横からのぞくと、なにやら黒っぽい粒が底にたまっている。ササラダニだろうか。二日後、瓶を取り外し、瓶ごと実体顕微鏡の下に入れる。そこで私の目に入ったものはさまざまな姿形をした不思議な生き物、初めてみるササラダニであった。私の脳裏には落ち葉を集めた美ヶ原の景色がよみがえってくる。あそこの、あんな林のなかに、このダニたちは住んでいたんだ！　いまになって、初めて感動がわきあがってくる。瓶の中身をシャーレにあけ、先が鋭く尖ったピンセットでダニをつまみだし、プレパラート標本にする。今度は倍率の高い生物顕微鏡で観察する。その視野に現れた未知の生物、ササラダニの姿に、私は思わず声を出した。その姿は、なににたとえたらよいのだろうか。テントウムシ、ミジンコ、怪獣、重戦車、ＵＦＯ……。おそらく、日本の生物学者のだれもみたことがないであろう魅力的な生物群。まだ種名はわからないが、形の違いから二〇種はいるだろう。私は顕微鏡にしがみついて離れない。「ご飯ですようー」という母の声も耳に入らない。

美ヶ原で採集した、初めてみる何種類ものササラダニ。ただ、興奮して眺めているだけでは仕方ない。まず、文献にあたって種名を調べなければならない。当時、私の手元にあった唯一の文献はウイルマンの"Die Tierwelt Deutschlands"（Willmann, 1931）第二二巻であり、当時ドイツで知られていたササラダニ類のすべての種の図と検索表が載っていた。もちろん、ドイツと日本ではササラダニの種類も違うであろうが、共通の種もいるであろうし、なんのなかまかを見当つけるのにも指針になるであろう。ここで中学時代から勉強していたドイツ語が役に立った。美ヶ原で採集したほとんどのササラダニが属のレベルまで判明した。そのなかの一種ヒラタオニダニ属のものをさらに調べていくと、どうやらまだ記載されていない種、つまり新種であるとの結論に達した。念願の新種の発見である。

まず、図を描くことから始める。鉛筆で下描きをするために、鏡がついた描画装置というものを顕微鏡に取り付ける。これはまことに便利な装置で、ダニがみえる視野のなかに現れた自分の手と鉛筆でダニの輪郭をなぞっていくと横に置いたケント紙に下描きができあがってしまう。つぎは製図用の黒インクをペンにつけて、墨入れをしていく。墨が乾いたところで、消しゴムで下描きの鉛筆の線を消せば、完成である（図32、右下）。つぎに、新種のダニの特徴を記載していくが、新種の場合、日本語は望ましくなく、英語、フランス語、ドイツ語など世界的に通用する言語で書く必要がある。日本ではほとんどの人が英語で書くが、私はドイツ語を選んだ。中学生から学んできたドイツ語は、前述の文献を読むにも、記載を書くにも役立ち、当時の私には英語を使うよりも楽だったからである。

日本動物学会の学会誌（Annotationes Zoologicae Japonenses）に投稿した論文は一九五八年六月に印刷された（図32）。新種の発見・記載！　このときをどんなに待っていたか。それはこれから始まる私による何百種類の新種記載の仕事の出発点になったのである。

ここで一つ、エピソードを紹介しよう。先に述べたように、この新種第一号について、和名はヤマサキオニダニ、学名は *Heminothrus yamasakii* Aoki とした。研究室の指導教官であった山崎輝男先生に献名したのである。生物の名前に人名をつけることは多いが、その場合、その生物を発見した人やその学問分野で大いに貢献した人に捧げられることが多い。したがって、指導教官であるという理

ANNOTATIONES ZOOLOGICAE JAPONENSES

Volume 31, No. 2—June 1958

Published by the Zoological Society of Japan
Zoological Institute, Tokyo University

Zwei *Heminothrus*-Arten aus Japan (Acarina :Oribatei)

Mit 2 Textfiguren

Jun-ichi Aoki

Institut der Angewandten Entomologie, Landwirtschaftliche Fakultät, Tokio Universität

(*Communicated by* Y. K. Okada)

Die japanischen Oribatiden sind bis jetzt wenig bekannt. Ich kann leider aus
Japan nur einige von Herrn K. Kishida ter
Berücksichtigung dieser Umstände habe der
faulem Laub aus 52 verschiedenen Orten Gat-
tung Be nn,
1925 . nur
auf o ehr
Art
n und
den rzl rdig
ware u Ich
bin f der
Tier e rrn
T. izt eut
mich ste em
Nam
G
rl
19
1- ng
für e ch
ver so vi-
sch u re
stark nach innen gebogen, dicht borstig,)).
Interlamellarhaare rauh, nicht so lang, dass sie zum Rostrum gelangen können

図 32　ササラダニの新種第１号、ヤマサキオニダニの記載論文。論文の上に置いた図は山崎輝男先生とダニの全形図。(Aoki, 1958)

由は、ほんとうをいうとあまり例がない。しかし、私としては記念すべき新種第一号に、私のわがままを許し、温かく見守ってくださった先生に捧げたい気持ちが強かったので、和名を最初はヤマザキオニダニとした。ところが結果は先生の機嫌を損ねてしまった。まず和名がいけなかった。第一の理由は、「オレの名前はヤマサキであって、ヤマザキではない！」。周囲の人たちがみんな「ヤマザキ先生」と呼んでいるので、私もそうだと思い込んでいたのである（論文の校正で修正した）。人名の読みはむずかしい。先に紹介した『疾病と動物』の著者の佐々学先生も、「ササ」ではなく、正しくは「サッサ」なのである。第二の理由として、「なんで、ヤマサキオニダニなんだ。オレは鬼か！」というのである。さあ、困った。この種は分類上「オニダニ科」という科に所属するのだから、どうしようもない。でも、先生は内心喜んでくださったに違いないと信じている。

2　日光の森とダニ——一九六一年

海底を一面に覆うサンゴ礁に依存して生きている魚たちなどは別として、陸上に生活する動物たちは植物に依存して生活している。陸上生態系では植物が生産者で、地上の動物は生産者がつくりあげた生産物（幹、枝、葉、花、果実など）を糧として生きている。また、食べ物ばかりでなく、すみかも植物に頼っている。くやしいかな、植物がまったくないところに動物は住めない。したがって、動物の研究者は植物に関して、ある程度の知識をもっていなければならない（植物の研究者は、必ずしも動物のことを知らなくてもよい）。生きた植物を直接食べ物として取り入れる動物はもちろんのこと、捕食性（肉食性）の動物でも、面積的にも重量的にも圧倒的に大きい植物がつくりあげる環境に左右されざるをえない。

したがって、植物の死骸（落ち葉、枯れ枝、腐葉土、朽木など）や菌類しか食べないササラダニにしても、植生によって生息条件が変わり、住んでいるササラダニの種類も違ってくるに違いない。かつて東京都国立市のクヌギ林とアカマツ林で調査した経験から、そのことはわかっていたので、博士課程の論文のテーマとして、さらにいろいろな植生下の土壌を調べてみようと思い立った。そこですぐに念頭に浮かんだのが、奥日光の戦場ヶ原である。第二次世界大戦中、集団疎開をした日光が懐かしかったせいもあるが、標高がほぼ同じ一三〇〇から一五〇〇メートルの平坦な場所にさまざまな植生がモザイク状に存在する戦場ヶ原を中心とした地帯は、研究の場としてうってつけである。標高が異なれば、異なるダニ相が植生のせいなのか標高のせいなのか、判断がつかなくなってしまう。

この研究のためには、かなり長期の野外調査が必要と考えたので、どこか安い宿泊施設を探す必要があった。しかし、日光は超有名な観光地。調査地に一番近い湯元もまた有名な温泉地で、立派な旅館ばかりが立ち並んでいる。そこで私が目をつけたのが光徳牧場にある光徳ロッヂであった。ここなら宿泊料金はそんなに高くはない。さらに都合がよいことに、夏場は使用しないスキーの乾燥室を無料で貸してもらえることになった。窓もない小部屋であるが、ダニを抽出するためのツルグレン装置を並べて設置し、二カ月間滞在することになった。毎朝森へ出かけ、土壌を採取し、それをツルグレン装置にかけ、ダニを分離することを繰り返した。食事は近くの養鱒場で育てられているニジマスのソテーばかりだったが、魚好きの私は飽きることはなかった。

戦場ヶ原を中心に選定した植生は、ミズナラ・シラカンバなどの落葉広葉樹林六カ所、コメツガ・ウラジロモミ・カラマツなどの針葉樹林六カ所、ハンゴンソウ・ワレモコウ・ホサキシモツケなどの草原六カ所であった。ここで、私はまったく恥ずかしい過ちを犯していた。それぞれの植生を私は〇〇-〇〇〇群集というように群集名をつけて呼んだが、これは私の無知・不勉強からきたものである。植生学で〇〇〇群集というのは、植物社会学的な分類単位であって、分類学でいう種の単位に匹敵するようなもの。分類学で用いる形態的な標徴のように、種組成を調べて標徴種に着目して命名された群落分類の単位なのであり、門外漢が目につく植物を取り上げて〇〇〇群集などと勝手に命名してはいけないものだったのである。つまり、「群集」という厳格な定義をともなう名称ではなく、もっと一般的な呼び名である「群落」という言葉を使えば、まだ許されることだったのである。ただ、動物研究者としてひとことといわせていただくならば、「群集」という言葉は一般的な用語として広く使われている言葉であるのだから、それはそれとして触らずに残しておき、動物には使用できない「群落」という語こそ、植生学だけの専門用語として使ってほしかったという気がしてならない（青木、一九七六）。しかし、明らかに悪かったのは私のほうであり、「口ごたえ」は許されないであろう。

さて、話は横道にそれたが、私の調査の結果は「奥日光のササラダニ群集と植生および土壌との関

連　第一報〜第五報」として日本生態学会誌に掲載された（青木、一九六二a、一九六二b）。日本ではササラダニ類と植生との関係について初めて出された論文であり、それなりの注目を浴びたが、とくに大発見というものはなかった。そもそも、生物学の分野のなかで、生理学、生化学、動物行動学などに比べて生態学の分野はもっとも大発見がなされにくい分野である。大勢の研究者がコツコツと調査結果を出して積み上げ、そのなかから一般的な法則性がわかってくるものである。

私の調査でわかったことは、植生によって大いに異なるが、一植生下でササラダニの種数は一〇〜三〇種、生息密度は平方メートルあたり約七〇〇〇〜三五〇〇〇匹、種数、生息密度とも草原よりは森林でずっと多いこと、各群集のなかでの優占種はそれぞれの群集で異なること、などであった。そのほか、私の興味をもっとも強く惹いたのは、元村の等比級数の法則であった（元村、一九三二）。この法則とは、ある環境に生息し同じ生活形態をもつ種からなる群集について、個体数の対数値を縦軸に、多さの順位を横軸にとってグラフに点を打つと、順位が下がるにつれ直線的に下降してくるという法則である。このことが最初に見出されたのは潮間帯の生物群集についてであったが、私の奥日光での調査でも同じようなことが見出された（図33）。ここでみられる直線は $y=-ax+b$ という簡単な式で表され、a の値が小さいほど、つまり直線が寝ているほど群集が複雑であり、b の値、つまり直線が縦軸を切る点は順位ゼロという仮想の種の個体数、すなわち群集の大きさを表すとされている。これを念頭に置いて図33をみると、森林に比べて草原では直線が立っており、草原のササラダニ群集が森林のそれに比べてはるかに単純であることが示されている。

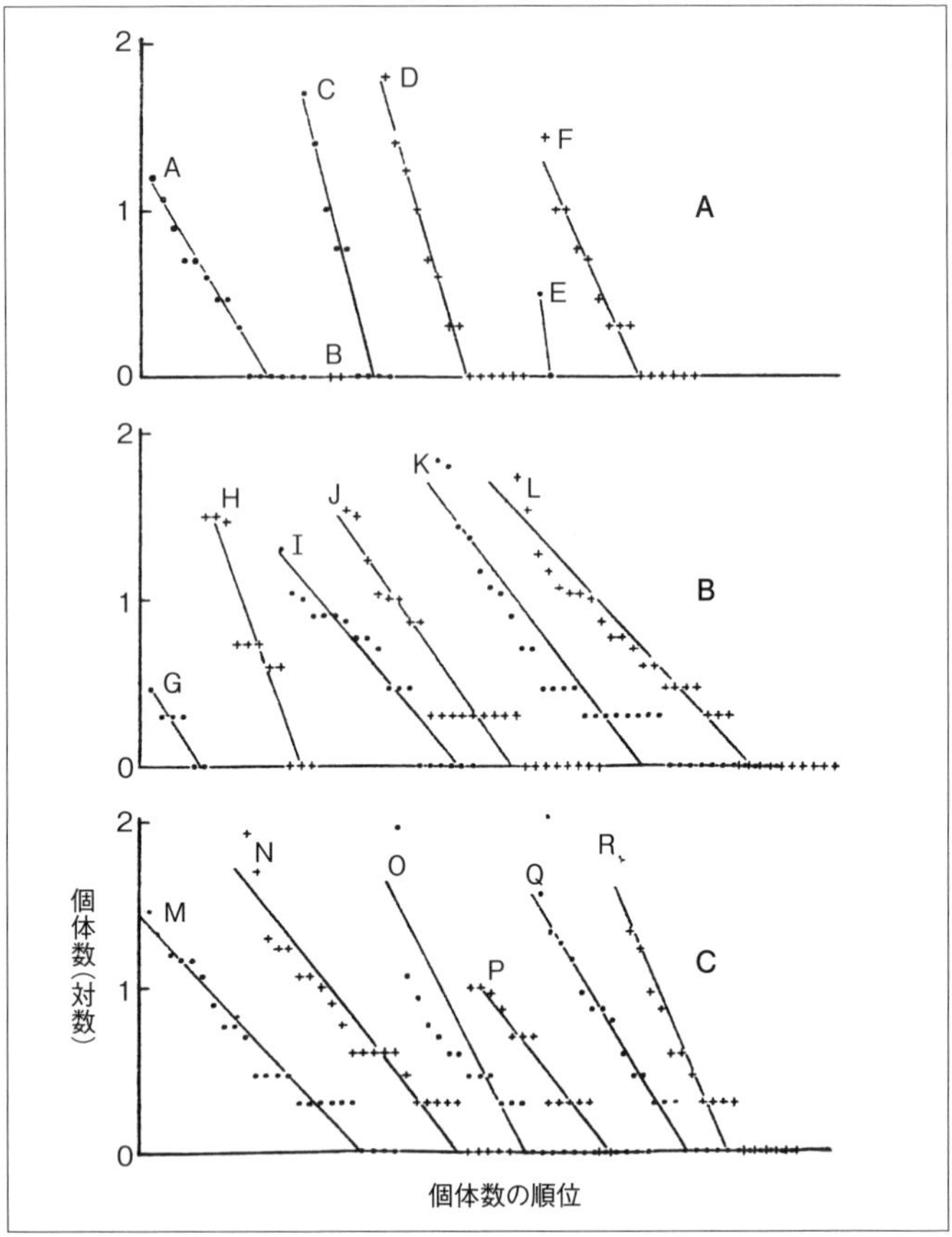

図 33　元村の等比級数則にあてはまった奥日光のササラダニ群集。A：草原。B：落葉広葉樹林。C：針葉樹林。（青木，1962b）

奥日光の森のなかで二カ月にわたって行われた調査は、まことに楽しい思い出となった。体長が平均〇・五ミリというササラダニであるから、現場でその姿をみることはできなかったが、つぎつぎとアルコール瓶のなかにたまっていくダニらしき粒々を眺めながら、植生の違いがダニ群集にどのような違いをもたらすのか、またササラダニは平方メートルあたりどのくらいの数が生息しているのか、土壌のどのくらいの深さまで生息しているのかなど、結果を楽しみにしつつサンプリングに精を出した。

私が森の妖精に出会ったのは、このときであった。森の奥深く道のないところを密生するシダを踏みつつ分け入っていくと、あたりはシーンと静まり返っている。ときたま、ミズナラの小枝が地面に落ちるポソッという音が聞こえるだけである。ふと目の前にある苔むした大木の根元をみると、なにやら生き物がこちらをうかがっている気配がする。しかし、動物ではない。身の丈三〇から四〇センチくらいの妖精らしきものが、そこにいた。大きな目をしている。私がそっと近づいていくと、じっとこちらをみつめていたが、やがてスッと消えてしまった。最初、私の精神状態がおかしくなったのではないかと疑った。しかし、この不思議な体験は一度ではすまなかった。その後、青森県の白神山地でも、長野県の志賀山でも、神奈川県の丹沢でも、出会った。いずれもブナの原生林かミズナラの大木林であった。不思議なことに、二人連れ以上の人数になると現れない。私独りのときだけであるから、他人にみせてあげるわけにはいかない。だから、そんな話は信じてもらえないことになる。大自然のなかで生物を採集するのは楽しい。私の場合は、それに加えて森の妖精に会う楽しみがある。

私の頭のなかでは、ササラダニと森の妖精の区別がつかなくなっているらしい。

3　森の地面のマイクロハビタート——一九六六年

土壌動物の研究者は土壌試料のサンプリングを行うとき、採土缶を用いている。大きさもいろいろ、形も丸形だったり、四角形だったりする。かつて私が用いていたのは縦五センチ、横四センチ、深さ五センチの四角いブリキ缶であった。これを地面に置き、上から木づちでたたき込むという方法であった。

群馬県の榛名山へササラダニの調査に出かけたときも同じ方法で土壌を採取するつもりで、この採土缶を持参していった。しかし、森の地面をよく観察してみると、積もっている落ち葉の層は場所によって薄かったり厚かったりするし、落ちている枯れ枝も太いの細いのいろいろである。木の実もあれば、コケやキノコもある。太い倒木や朽木もある。芝生のように地表が均一なところは別として、森林の林床は堆積する植物遺体の種類も多く、たいへん複雑である。そんなところへ小さな缶を打ち込むと、どこへ缶を置くかによって缶のなかに入るものがまったく違ってくる。しばらくの間、じっと森のなかにしゃがみ込んで地面をみつめていた私は、持参してきた缶を使うことがばかばかしく思えてきた。「よし、こんなに地面にいろいろなものが落ちているのなら、それらを種類別に拾い集めてみよう。きっと、それぞれの試料には違う種類のダニがいるに違いない」と考えた。幸い、リュックのなかには茶封筒がたくさん入っている。

まず、地面の一番上に落ちている新鮮な枯れ葉を集めた。ついで、湿って腐りかけた落ち葉、細い落ち枝、ハンノキの落果、枯れた根っこ、倒木に生えたコケ、キノコなどを、なるべくあちこちから拾い取って種類ごとに別々の袋に入れていった。この方法では単位面積あたりのダニの数を算出することはできず、定量的調査には向かないが、その代わりにその場所に生息している種はほとんどすべて網羅的に把握できるのではないか。つまり、森の地面にはササラダニからみてまったく違うミクロな住み場所が混在しており、それぞれの種が好きな住み場所（マイクロハビタート）を探し出して住みついていると考えられたからである。

人間には完全に理解できなくとも、できる限り研究対象となる生物の「気持ち」になって考えることも大切だと思う。

その結果は予想どおりのものであった（Aoki, 1967）。コケにはヤハズツノバネダニ、倒木に生えたキノコにはオトヒメダニの一種、大きな倒木の下の地面にはハルナマルトゲダニ、ハンノキの落果にはヤマトイレコダニ、チビゲフリソデダニ、フクロフリソデダニ、地中の枯れ根にはゾウイレコダニがそれぞれ優占種として住みついていることがわかった（図34）。別の観点からみれば、地表に堆積する植物遺体などは種類によってそれぞれ異なる種のササラダニによって分解され、土に戻っていくことになる。人間の社会にたとえるならば、ちょうど分別ゴミの処理のようなことが行われているの

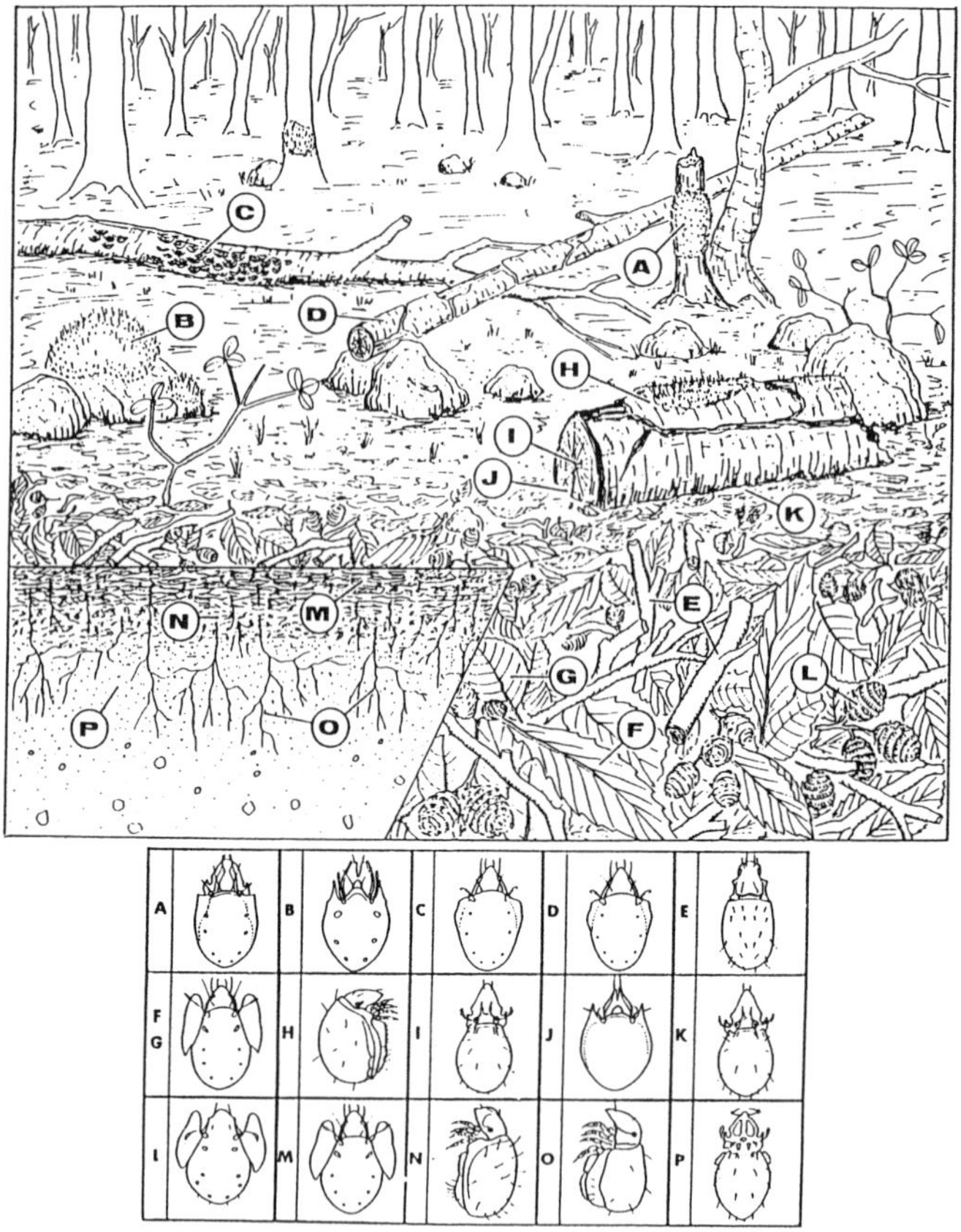

図 34　森林の林床に堆積する植物遺体とマイクロハビタート。下の図はそれぞれの堆積物ごとに異なるササラダニの優占種（群馬県榛名山にて）。（Aoki, 1967 を改変）

である。自然が出した廃棄物ともいえる地表に堆積する植物遺体は、たくさんの種類の生物がいてこそ、すべて残すところなく片づけられていく。ここにも生物多様性の意義が見出されるといってもよい。

私は血の通った温かい手で、まさぐるように堆積物を集める方法を「拾い取り法」と名づけることにした。複雑で多様な自然を相手にするとき、調査する側も正確で科学的な方法よりも、いっけん古臭く、泥臭く、幼稚にみえても柔軟な手法を用いたほうがよいこともあると思う。

4 志賀山の森でのIBP研究——一九六八～一九七二年

長野県志賀山のふもとに「おたのもうすの平」というへんな名前の場所がある。ここはコメツガやオオシラビソなどの昼なお暗い鬱蒼とした針葉樹の森である（図35A）。昔から、この森のなかに入り込むとだれでも道に迷ってしまい、どうしても森から出られなくなってしまうという。そんなとき、「おたのもうーす！」と叫ぶと、助かるという言い伝えがあったという。

私たちの調査は、そんなこわい場所で始まった。IBP（International Biological Program の略）すなわち「国際生物学事業計画」の日本での調査地に志賀山が選ばれたのである。なにをやるのかというと、世界の代表的な生態系で、同時に生物の現存量を調べて比較しようという試みである。その

図 35　長野県志賀山の IBP 研究地での調査。A：「おたのもうすの平」。B：オオシラビソの落ち葉のなかから出てきたササラダニの糞。C：オオシラビソの腐葉のなかにぎっしりと詰まったササラダニの糞と成虫と卵。

なかの土壌動物の研究グループには、ミミズ・ムカデ・ヤスデ・ワラジムシなどの大型土壌動物班に中村好男（北海道大学）、山口英二・上平幸好（函館大学）、斎藤 晋、新島渓子・寺田美奈子（東京都立大学）、近藤正樹（白梅女子短期大学）、渡辺弘之（京都大学）、ダニ・トビムシなどの小型節足動物班に藤川徳子（北海道大学）、内田 一・千葉滋男（弘前大学）、田村浩志（茨城大学）、福山研二（東京大学）、今立源太良（東京医科歯科大学）、森川国康・石川和男・芝 実（東雲短期大学）、田中雅生（九州大学）、それに私（国立科学博物館）、ヒメミミズや線虫などの小型湿生動物班には北沢右三・北沢高司・百済弘胤（東京都立大学）、原生動物やワムシなどの班には鈴木 実（日本大学）（いずれも当時の所属）など、全国各地から土壌動物の研究を志す人たちが馳せ参じたのである。日本の土壌動物研究者がほとんど全部集結した感があった。これほどのメンバーが寄ってたかって一地域の調査をするというのは、これが最初で最後だったかもしれない。しかも調査期間は五年間、積雪期を除いて毎月おたのもうすの平に通いつめて調査を行ったのだ。そのために、研究者どうしの間に深い絆と連帯感が生まれ、じつは後になって日本土壌動物学会が誕生する機運がこの時期に熟成されつつあったのである。

この調査の総指揮官は、当時東京都立大学理学部助教授の北沢右三先生であった。北沢先生の最初の有名な研究はギフチョウの生態調査で、このチョウの食草であるカンアオイがたくさん自生する場所（秘密の場所で、だれにも明かさなかった）へ一〇年以上も通い続けたのである。その後、なにかのきっかけで土壌動物に関心をもたれ、わが国では初めての土壌動物の生態学的研究を開始されたのだった。大きな業績をあげながらも、北沢先生は大学を定年で去られる直前まで助教授だった。同じ研究室の教授と年齢が近かったためである。こうした場合、普通は助教授は外部に教授の口をみつけて異動するものなのだが、研究一筋で名誉や地位にこだわらない性格の北沢先生は、長い間助教授の地位に甘んじ、他人に命令することなく、なんでも自分でこなし、研究を続けられたのである。その天真爛漫で朴訥な人柄、多少の吃音をともなった滔々とした話し方はだれにも好感をもたれ、敬愛されていた。真によきリーダーというのは、いかにも頭脳明晰で神経質な性格の人よりも、むしろ茫洋とした人のほうが向いているのだなあ、とそのときに思ったものである。

調査の基地は志賀高原の長池のほとりにある信州大学の研究施設で、研究棟と大きな山小屋（宿泊施設）からなっていた。通いなれた施設にやってきて、気心の知れた者どうしは「やあ」という挨拶だけで、すぐに自分の分担研究に取り組んだ。食事をつくってくれるオバサンは私たちを出迎えて「おかえりなさーい」といってくれたし、私たちは「ただいまー」と答えたものである。

調査地の「おたのもうすの平」までは小鳥のさえずりを聞きながら歩いて三〇分ほどだったろうか。生まれつきの方向音痴の私は森から出られなくなるのがこわくて、いつもだれかにくっついていった。まっすぐに歩いているつもりでも、いつのまにかもとの場所に戻ってきてしまうという、不思議な地形なのである。方位磁石はもっていたが、そこには特殊な磁場があって、方位磁石の針が狂ってしまうので役に立たなかった。われわれが調査に入ったとき、実際に迷子になった女性を助け出したことがあった。東京から一人でやってきたその女性は森から出られなくなり、リュックのなかにあった新聞紙をちぎってシャツの下に入れ、標高一七〇〇メートルの寒さをしのいで夜を明かしたらしい。あちこちのオオシラビソの樹幹に「道に迷っています。歌を歌っていますから、助けてください」というメモ用紙の切れ端が貼りつけてあるのをわれわれのうちの一人がみつけ、みんなでじっと耳を澄ますと、かすかな歌声が聞こえてきたのであった。

地味な作業であったが、ほとんどすべての土壌動物の種類と数と重さを測定するという仕事の成果は着々とあげられていった。とくに定量的に採集して土壌中から出現する微小な虫を一匹残らず数えるという作業は、一日中やるとまことにしんどいものだった。一人でやったのでは飽きてしまうが、数人がそれぞれ顕微鏡にしがみつき、ばか話を交わしながらだからこそ続けられたのだろう。そんななか、福山研二君が「なんだ、こりゃあ?」とすっとんきょうな声を上げた。陽気な彼はいつもひとりごとをいいながら仕事をする癖があるのだが、彼の顕微鏡をのぞかせてもらうと、視野のなかに団子状のものがたくさんみられた。オオシラビソの褐変した落ち葉を針でつついたら、コロコロと出てきたのだという(図35B)。同時に一匹のイレコダニも出てきて、その体内に同じ団子が一個入っている。つまり、この団子はイレコダニが排出した糞だとわかった。もう一つオオシラビソの落ち葉をそっと壊してみると、その細長い葉のなかにぎっしりと糞が詰まっている。そしてそのなかに一匹のイレコダニの成虫と、さらに一個の卵がみつかった(図35C)。これで話がわかった。オオシラビソの枯れ葉のなかに潜り込んだイレコダニは葉の中身を喰い進みながらつぎつぎと糞を出してためていき、その糞粒のなかに卵を一個産む。卵からかえった幼虫はお母さんが噛み砕いて糞として出してくれた食べ物を食べて成長し、やがて葉を喰い破って外へ出ていく、ということだろうという話になった。なお、この糞の玉はまん丸ではなく楕円形をしており、材料の落ち葉を噛み砕いたミンチでできているから、私はこれを「落ち葉のハンバーグ」と呼ぶことにした。これはダニのお母さんが子どものためにこしらえた美味しい料理であると同時に、生態系のなかで植物遺体がダニによって分解され土に戻される過程を示しているのである。

夜の山小屋では、薪ストーブを囲んで各人がその日の出来事を語り合い、田村浩志さんや私が森のなかでみつけてきたキノコの煮つけと酒で夜が更けていくのであった。

5 皇居のお化けヒル——一九六八年

一九六八年七月二九日の朝、皇居のなかを巡回していた皇宮警察の鳥巣巡査は道路わきのベンチの下に長い紐が落ちているのをみつけ、拾おうと思って近づいたところ、その「ひも」がニョロニョロと動き出したので、びっくり仰天した。逃げようと思ったが、勇気をふるい起こし、その「ひも」を逮捕した。洗面器の水に漬けて泥を洗い流し、ピンセットでつまんで苦労して牛乳の空き瓶に詰め込まれた生きた標本は、さっそく常陸宮殿下のご覧に入れた(図36)。なぜかというと、この宮様は生物学者であり、広い範囲の動物に深い知識をもっておられ、まさに博物学者といってもよい方である。

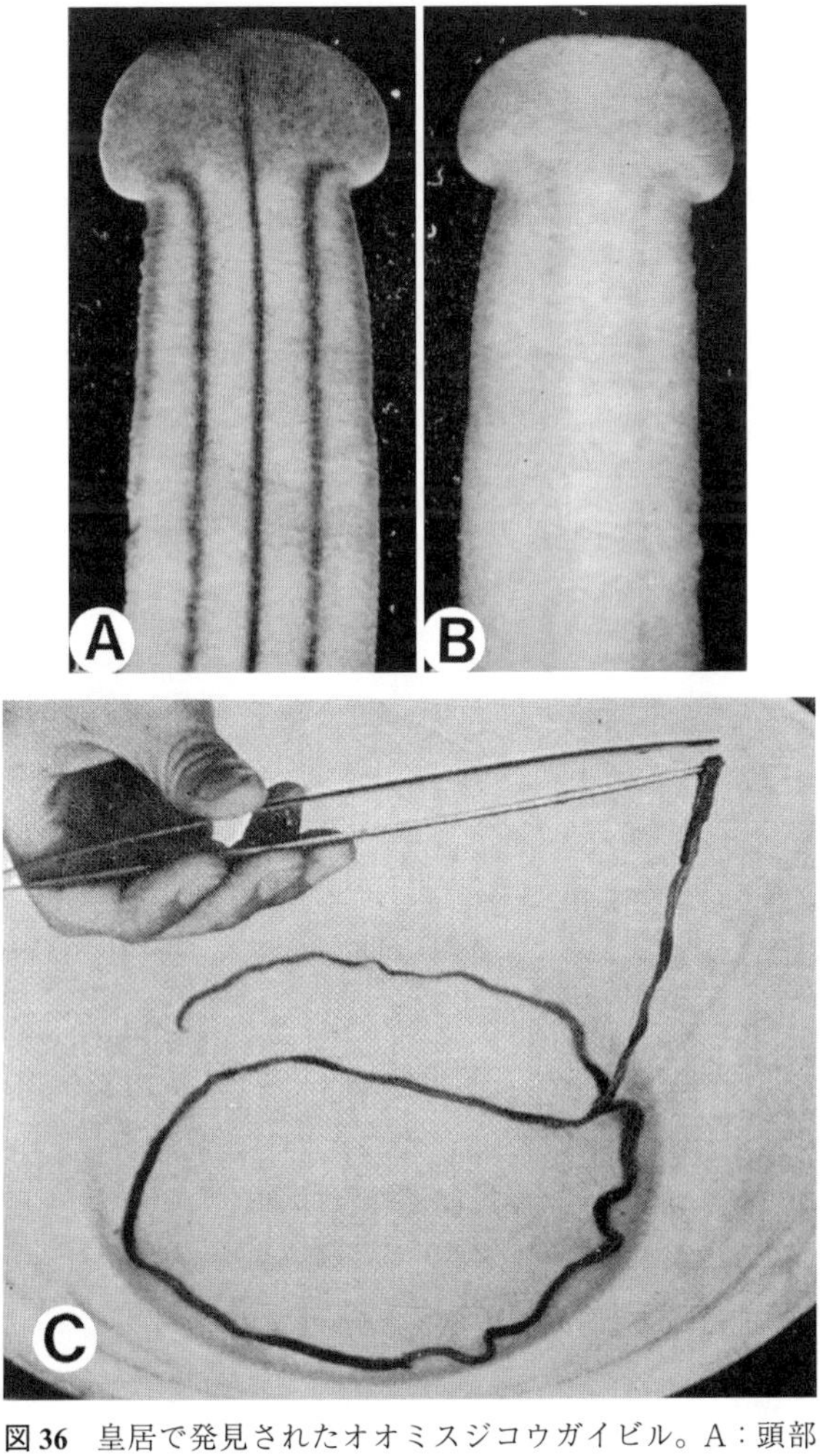

図 36　皇居で発見されたオオミスジコウガイビル。A：頭部背面。B：頭部腹面。C：生きているうちに洗面器の水のなかで洗う。（川勝・青木，1969）

その殿下もみたことのない生き物に驚かれ、私のところに電話がかかってきた。殿下の話から、私は「たぶん、コウガイビルの一種でしょうが、八〇センチを超す、そんな長いのは日本にはいないはずですよ」とお答えした。殿下と私は幼稚園以来の同級生なので、いつも気軽にいろいろなことを尋ねてこられる。さまざまな動物群に興味と関心をもっておられるのはよいのだが、「そのうちのどれか一つに絞ってくわしい研究をされたらどうですか」といつも勧めているにもかかわらず、なかなか聞き入れてくださらない。

当時勤務していた国立科学博物館へ宮内庁の侍従がもってきた生き物を見て、私もその長さに驚いた。形と色は日本で知られているミスジコウガイビルと呼ばれている種にそっくりであるが、それは体長がせいぜい六センチ、北海道から九州の山野の湿った石の下にいる。さて、表題は「お化けヒル」としたが、分類学的には、ヒルではない。動物の血を吸うヒルは環形動物で体に細かい環節があるが、コウガイビルは扁形動物のプラナリアのなかまで、体に環節がない。ナメクジやミミズを好んでとらえ、その体をグルグル巻きにし、消化液をかけて溶かしてから吸い込む。頭部が笄（こうがい）の形をしているので、その名がつけられた（図36A・B）。笄といっても知らない方もあると思うが、簪（かんざし）のようなもので、女性が髪に挿すものである。この両者の違いは、笄は足が二本、簪は足が一本ということらしい。いずれも根元の部分が半円形というか三日月形になっていて、コウガイビルの頭部にそっくりである。このお化けヒル騒動は毎日新聞と読売新聞紙上でも報道された。

私の専門はダニであるから、コウガイビルについての知識は乏しい。やはり、専門家にみてもらう必要がある。プラナリアの専門家といえば、北海道の藤女子短期大学の川勝正治博士である。専門家なら、「ああ、これは○○ですよ」と一言の下に説明されると思いきや、速達便で届けられたシロモノをみて、川勝先生もびっくりした。あらためて体長を測定すると九五センチあった。先生の研究の結果、この種は *Bipalium kewense* Moseley という種で、東南アジアの熱帯地方が原産、世界各地でみつかっているという。もちろん、日本からは初記録である（川勝・青木、一九六八、一九六九）。しかし、これには後日談があり、さらに研究した結果、新種であることが判明し、*Bipalium nobile* Kawakatsu, Makino & Shirasawa, 1982 として学会誌に発表された。そして、やっとのことで、オオミスジコウガイビルという和名も与えられたのである。

東京のどまんなかで大型の新種が発見されるということはまことに意外であったが、その後一五年くらいの間に皇居以外の東京周辺でも発見されるようになり、現在は本州・四国・九州各地に分布を広げている。おそらく、読者のみなさんも教科書で習った、あのプラナリアの実験のように、このコウガイビルのちぎれた破片が植木などに付着して運ばれ、破片が一匹の姿に変身を遂げているのであろう。それにしても、その分散力には驚かされる。

6　樹上に住むササラダニ――一九六九年

研究室の電話が鳴った。三重大学の山下善平先生からだ。「青木君、和歌山県の大台ヶ原と愛媛県の石鎚山で樹木の枝を燻蒸したらダニがたくさん落ちてきたんだ。みてもらえないだろうか」という。私は即座に「樹木の上のダニなら、ハダニでしょうから、鳥取大学の江原昭三先生にみてもらったら、どうですか」というと、「いーや、ハダニではない。体が黒くて堅くてササラダニみたいなんだよ」といわれた。そんなはずはない。ササラダニはすべて土壌中に生活するものだから、生きた樹木の上などには、いないはずだ。でも、まあ送ってください。ということで、数日後にダニの瓶詰がどっさり入った小包が届いた。瓶をかざしてさっとみただけで、あっと驚いた。ほとんど全部ササラダニである。樹木の根元に白いシーツを敷いておき、薬剤で燻蒸して落下してきたダニを吸虫管で吸い取ったのだという。ものすごい数である。まさに「つくだに」のようだ。

さっそくプレパラートにして顕微鏡でみると、土壌中にいるのと同じ種もあるが、みたことのない種のほうが多い。樹上にこんなにも多くの種類のササラダニが生息しているとは、まったく知らなかったし、そのようなことが書かれている外国の文献も知らない。標本をつくりながら調べていくと、かなりの種が新種であることがわかった（Aoki, 1970）。キノボリササラダニ、コンボウタマゴダニ、タマイカダニ、ヤマシタスッポンダニなどである（図37）。最後の種はこの多量のダニを採集された

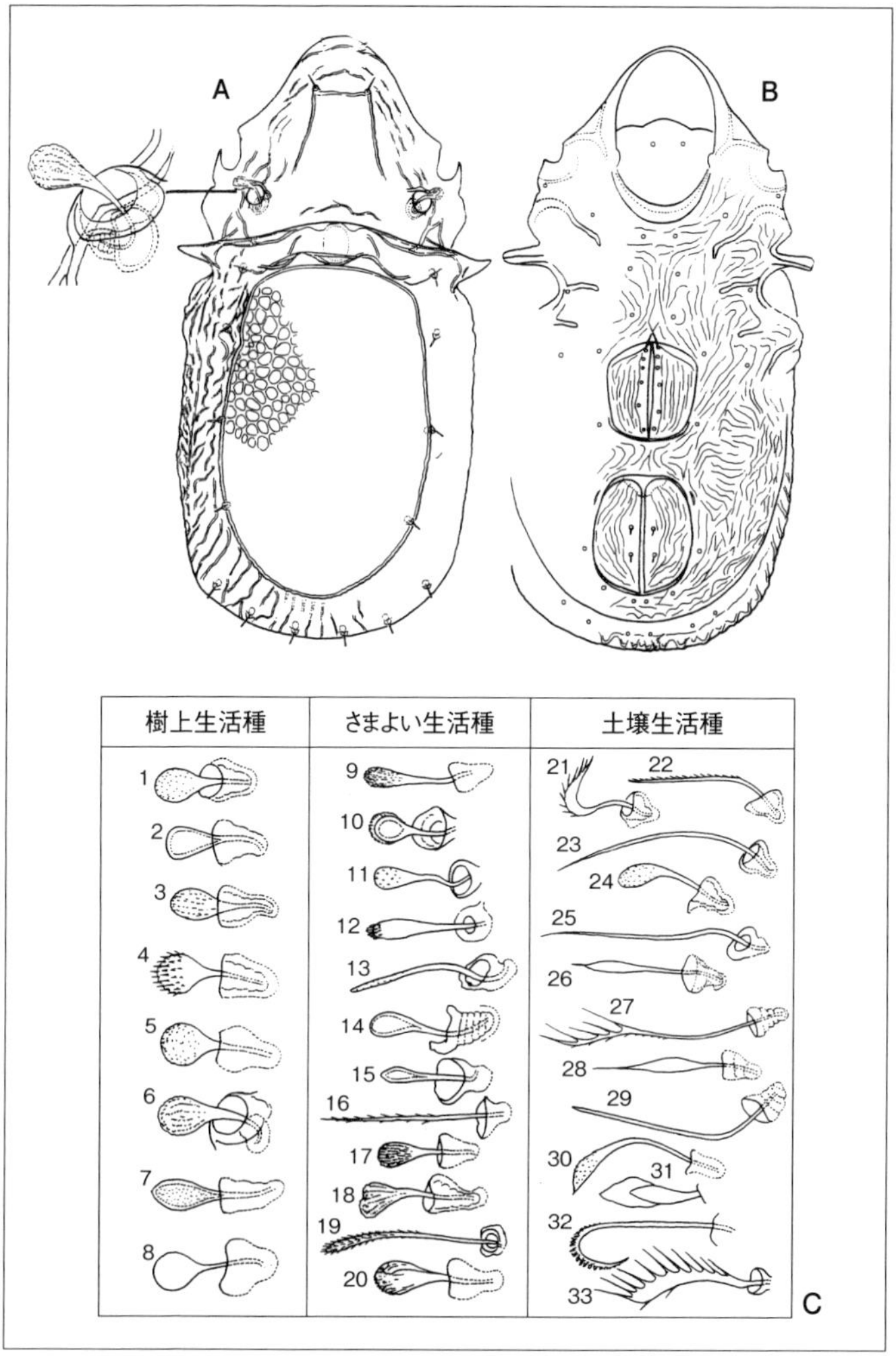

図 37　樹上のササラダニ。A：樹上生活をするヤマシタスッポンダニの背面。B：同腹面。C：いろいろな形を示すササラダニの胴感毛。

山下善平先生に献名したものである。「スッポンは一度喰いついたら雷が鳴っても放さない」といわれるが、山下先生は大の雷嫌いだそうで、このヤマシタスッポンダニという命名には、ちょっとからかわれたような気になられたそうである。

ところで、この樹上のササラダニ類の研究から、おもしろいことが一つみつかった。ササラダニに特有な器官として、体の前方近く両側に胴感毛というものがある。その機能はよくわかっていないが、空気の流れを感じるらしい。その形はじつにさまざまで種の特徴をよく表し、同定の際にはたいへん役に立つ。土壌中に生活する種では、この胴感毛の形がまちまちであるのに対して、樹上生活をする種ではみな一様に先端が丸く球のように膨らんでいる（図37C）。土壌と樹上の両方からみつかる種は、その形が中間的である。たとえば、ツヤタマゴダニのなかまでは種によっていろいろな形の胴感毛をもつが、そのなかで樹上生のものだけが先丸の胴感毛をもっている。つまり、胴感毛の形は分類や系統に関係なく、住み場所や生活の様式から規定されているということになる。したがって、従来この胴感毛の形態を属や科など種より上の分類単位の特徴としてきた考えは修正する必要があるということである。この発見は自分でもおもしろいと考えたので、ちょうどまもなくチェコスロバキア（当時の国名）で開催される国際ダニ学会議で発表することにした。

二〇歳代の終わりにハワイで一年間暮らしたことはあるが、私にとっては初めてのヨーロッパ、初めての国際会議である。長時間の飛行の末、プラーハに着く。まだ共産圏にあった時代で、街はなんとなく暗いが、建物の出窓に飾られたベゴニアの真っ赤な花の色が目にしみるようだ。道行く人々の

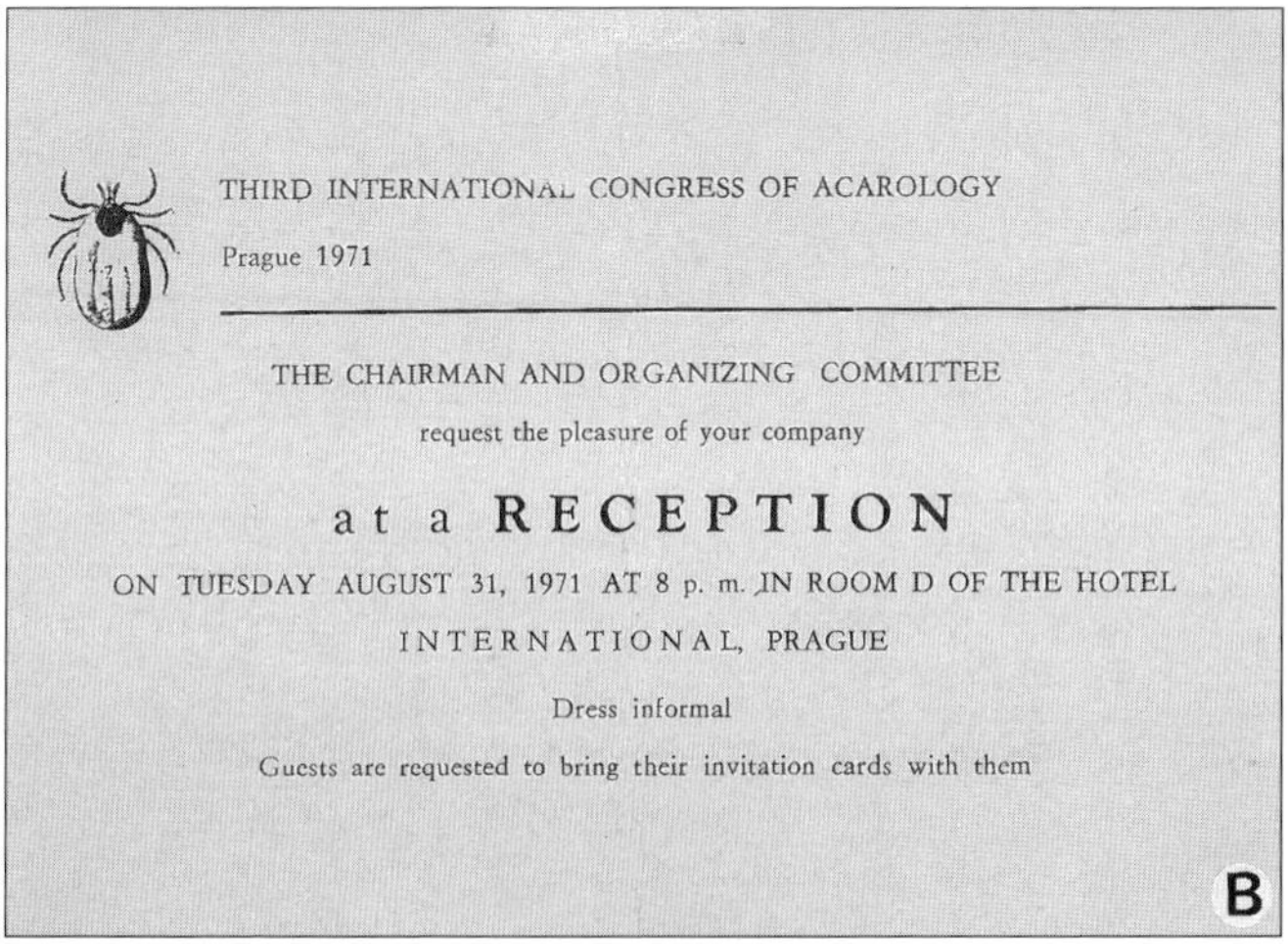
THIRD INTERNATIONAL CONGRESS OF ACAROLOGY

Prague 1971

THE CHAIRMAN AND ORGANIZING COMMITTEE

request the pleasure of your company

at a RECEPTION

ON TUESDAY AUGUST 31, 1971 AT 8 p. m. IN ROOM D OF THE HOTEL

INTERNATIONAL, PRAGUE

Dress informal

Guests are requested to bring their invitation cards with them

図 38　第 4 回国際ダニ学会議。A：会場となったプラーハの Hotel International。B：会議初日のレセプションの招待状。

服装もお洒落である。会場となったのはプラーハの中心にあるHotel International（図38A）。インターナショナルと名がついたホテルだが、従業員に英語はまったく通じない。心配した私の発表も、どうやら好評のようであった。それよりも、約一〇年間論文の交換をしながら、おたがい顔を合わせたことのなかったササラダニの分類学者たちとレセプションの会場で話ができたのがうれしかった。私は当時三五歳だったが、八〇編くらいの数の論文を書いていたので、外国人からみるとかなりの高齢者だと思われていたらしく、私の顔をみてみな一様に驚いていた。参会者の数は二〇〇名に達し、世界にはこんなに多くのダニ研究者がいるのだということを知った。

7　北海道ポロシリ岳での命拾い――一九七一年

ときどき、もし日本に北海道がなかったら、どうだろうと考えることがある。おそらく、日本は狭苦しい国になるだろう。本州以南とはまったく違う広々した風景、果てしなく続くまっすぐな道路、平地の広大な広葉樹林、山地の濃い緑の針葉樹林、流氷、広々とした牧場、ヨーロッパと共通する自然。本州と北海道を分ける生物の分布境界線（ブレーキストン線）より北にあって、本州にはいないさまざまな動植物。

そんな北海道のなかにあって、知床とともに手つかずの自然がもっともよく残されている日高山脈での総合的な生物調査が国立科学博物館によって行われることになった。調査隊長は小山博滋（植物）、隊員には哺乳類、鳥類、昆虫類などの専門家が一〇人、それに北海道大学山岳部の部員たちがサポートに加わった。

目指すは日高山脈のポロシリ岳（標高二〇五三メートル）、富良野から山に入る。歩き始めてすぐに川の渡渉が始まる。ここ数日の雨で川の水かさは増え、激流となっている。腰まで急流に浸かって川を渡ることは、ほとんどの隊員にとって経験がない。北大山岳部の部長の説明に聞き入る。「登山靴の上から草鞋をはいてください。杖は川下にではなく川上についてください。靴底を川床から絶対に離さないようにしてください。靴底を持ち上げると、急流に足をもっていかれます」。念のためにロープを張り渡し、山岳部のモサたちが川のなかに一定の間隔で入り、慣れないわれわれの手をガッチリとつかんで支えてくれる。まことに頼もしい（図39A）。唯一人、最年長の吉井良三先生だけは助けも借りずにすいすいと渡っていかれる。さすが多くの探検で鍛えられただけのことはあると敬服。やっとのことで向こう岸へたどり着いたが、草鞋の威力には驚いた。コケが生えてヌルヌルの石の上に乗っても滑らない。当然のことながら、腰から下はズボンも下着もびしょ濡れ。しばらく歩いているうちに少し水分が抜けてくるが、そのころまたつぎの渡渉。けっきょく、渡渉の回数は一五回、擦り切れてはきかえた草鞋は三足であった。翌日、携帯ラジオで知ったことであるが、札幌中央郵便局のパーティーのうち何人かが激流に流され命を失ったということだった。私たちの一回目の命拾いである。

図 39　北海道日高山脈ポロシリ岳での生物調査。A：激流を渡渉する調査隊の面々。B：調査隊の一部。左から吉井良三（トビムシ）、渡辺泰明（ハネカクシ）、大谷吉雄（菌類）、萩原博光（変形菌）、私（ササラダニ）、土井祥兌（菌類）。

そんな危険をどうにか乗り越え、中腹のポロシリ山荘へ着いたときには日が暮れかかっていた。山岳部の連中がこしらえてくれた夕食がめっぽううまい。後で聞いた話であるが、北大山岳部の誇るべき伝統は、リーダーが一番重い荷物を背負うこと、部員をピッケルで叩いたりしないこと、それにうまい飯がつくれることだそうであった。このときのリーダーの渡邊君はもっそりとした無口な男で、部員たちには言葉少なに指令を出すだけで、全員を見事に動かしていた。ここでも、リーダーのあるべき姿をみせてもらった気がした。彼はその後、藻類の専門家として多くの業績を上げ、いまや藻類のバイオエネルギーの実用化に向けた研究で脚光を浴びている渡邉信筑波大学教授その人であると思われる。

山小屋の夜が明け、食卓のある部屋に降りてくると、いいにおいがする。薪ストーブの上にイワナが人数分焼かれている。コケが専門の岩月善之助先生が早起きして渓流で釣ってきてくれたものだった。話を聞くと、この辺のイワナは人を恐れず、飯粒で簡単に釣れたそうである。ぜいたくな朝食を終えた一行は、いよいよ標高の高いところへ登り始める。それぞれの専門分野の動植物に熱心なまなざしが注がれる。植物は荷物になるので登りにはあまり採集せず、下山のときにとメモをしていく。動物はチャンスを逃すわけにはいかず、みつけたらさっそく採集する。私の土壌採取は高山帯に入るまでがまんである。みんな口には出さないが、いつヒグマに出会うかと心中びくついているらしい。ヒグマ対策は銘々考えてきている。哺乳類の遠藤さんは銃をもっているからよいが、ほかの連中は心配である。私はどうしたかというと、リュックの外側のポケットにホルマリン入りの瓶を入れ、さらに花火とライターをしのばせてある。いざというとき、役に立つかどうかわからないが、気休めにはなる。

やがて急に視界が開けて高山帯に入る。少し行くと七つ沼カールに到着。今夜の野営地である。日が暮れるまでに少し間があるので、私はさっそくハイマツのなかに潜り込む。フカフカと堆積したリター（落葉落枝）はササラダニにとって住み心地がよさそうである。すぐ近くでは吉井良三先生がトビムシを採集している。人呼んで「吉井式魔法のじゅうたん」といわれるものを地面に広げている。これは白い厚手のビニール布の上に同じ大きさの金網を載せ、その上に落ち葉や腐植を載せてザワザワと手で擦り動かした後に金網をどけると、白い布の上にトビムシがピョンピョン跳ねているという仕掛けである。ハネカクシの渡辺泰明氏も、その横に座り込んで、おこぼれのハネカクシを要領よく頂戴している（ずるい！）。作業が終われば、布と金網を重ねてクルクルと巻いて持ち運ぶ。研究者というものは自分の研究のために、いろいろと工夫を凝らしているものである。

さて、何張も張られたテントの横で夕食の支度が始まった。ラーメンのにおいが立ち込めたころ、ふとなだらかな山の上を見ると、なにやら褐色の大きな塊がこちらへ向かってくる。だれかが「ヒグマだ！」と叫んだ。まだ、かなり距離がある。すぐに小山隊長の指示で火を焚くための薪を集める。といっても、ここはハイマツしかない。手で折ろうとしても、弾力でしなるだけで、なかなか折れない。でも、みんな必死である。手のひらを血だらけにして、ハイマツの生枝が山積みにされた。火をつけると、よく燃える。ラーメンのにおいに誘われたのか、ヒグマはどんどんと近づいてくる。全員テントのなかに逃げ込む。そっと隙間からのぞくと、近くまでやってきたヒグマは火を恐れてか、少し離れたところをグルグルと歩き回っている。そして、とうとうあきらめたのか、ゆっくりと立ち去っていった。何年か前、福岡県からポロシリ岳にやってきたパーティーの一人がヒグマに持ち去られたリュックを取り返したために、襲われて死亡した事件があった。おそらくはそのときと同じヒグマではないだろうか。これが私たちの二回目の命拾いであった。

翌朝、テントをたたんで出発。みんなの腰につけたクマよけの鈴がチャリンチャリンと鳴り響く。昨日のことでヒグマに対する警戒心がますます高まったが、われわれにとってはこわさよりも、初めて訪れた北海道の高山帯の動植物に対する興味のほうがはるかに勝っていた。私がハイマツの下で採取した落ち葉からはオナガオニダニ、ナマハゲオニダニなど意外なことに大型なササラダニがたくさん出てきた。これらはクモマベニヒカゲやタカネキマダラセセリという高山チョウ、ライチョウなどの高山鳥と同じように、「高山ダニ」と呼んでもよいだろう。しかも、これらの種はヨーロッパのアルプスに生息するものと同種である。遠く離れたヨーロッパと日本の高山帯に同じダニが生息しているのだ。おそらく、地球がもっと寒冷な気候だった氷河期のころ、広く分布していた種が氷河期が去って温暖な気候になるとともに標高の高いところに追いやられて残存した種、「遺存種」といわれるものであろう。

汚れのない北海道の美しい大自然のなかで数日を過ごし、調査隊は下山を始めた。ご年配の今泉吉典先生（ネズミ）や吉井良三先生（トビムシ）、それにただひとり女性で参加した吉行瑞子さん（コウモリ）など、よくがんばって無事調査を終えられたものである。第一に危険な急流の渡渉、第二にヒグマとの遭遇、そしていま、山と別れを告げたとき、ここでまさか第三の危機に遭遇しかけるとは、思ってもみなかった。山を降りてから、隊員たちはそれぞれ別行動を取り、散らばっていった。私は空港へ直行しようと思ったが、やはり少し疲れたので、七月三〇日の晩は富良野で一泊した。いまでこそ有名な観光スポットになったところだが、当時はあまり訪れる人もないさびしいところだった。ただ、宿へ入ると、いやににぎやかなので、部屋から出てみると歌手の水前寺清子さんの一行が投宿していた。部屋に戻って携帯ラジオをつけた途端、たいへんなニュースが入ってきた。千歳空港を飛び立った全日空機ボーイング七二七型機が岩手県雫石の上空で自衛隊機と衝突し、乗員乗客一六二名全員が死亡したという。もし、今日空港へ直行していたら、その便に乗っていたかもしれない。寒気が背中を走った。帰宅してからわかったことだが、隊員は全員別の便で帰宅し、無事であったという。これが第三の命拾いであった。

第7章――野外へ出る――南のフィールドへ

1　屋久島の海岸から山頂へ――一九七四年

九州の南端から南へ六〇キロ、こんもりとした丸い島が浮かんでいる。この屋久島は近年、世界自然遺産に指定されて、にわかに有名になったが、以前から生物学者の間では強い関心のある憧れの島であった。なぜなら、南に位置しながら、九州本土でもっとも高い山よりもさらに高い山を六つも抱え、川や滝などの水系に恵まれ、しっとりとした緑に覆われ、日本で唯一スギが自生する島だからである。

私がこの島に目をつけたのは、同じ一つの島のなかで、海岸近くの低地は冬も暖かい亜熱帯に近い気候帯でありながら、最高峰宮之浦岳（海抜一九三六メートル）の山頂近くは夏もひんやりとする冷温帯に属し、下から上まで調査を行えば、ササラダニ類の垂直分布に関する興味ある結果が得られると思えたからである。

当時はまだ空の便がなく、鹿児島港から船に乗り、屋久島の北端宮之浦港まで四時間以上かかったと思う。いつも感じることであるが、たしかに航空機で行くよりも長い時間がかかるけれど、初めての島へ到着したときの感激は船を利用したときのほうがはるかに大きい。揺れる船体からタラップを降り、島の地面をしっかりと踏みしめたときのうれしさ、この島にはどんな生物が生息しているか。「さあ、これから調査だ!」と意気込む。今回の調査はダニの垂直分布であり、島の最高峰の宮之浦岳の頂上まで登らなければならない。当時私はまだ三八歳で体力に自信はあったが、初めての土地の高山、やはりだれかに案内してもらったほうがよいと判断し、まず役場を訪ねた。そして私の調査研究に興味を抱いてくれた営林署で働く二〇歳代の若者(田添歳章氏、図40A)が同行してくれることになった。往路に土壌サンプルを採取していくと、登り道でどんどん荷が重くなっていくので、まず山頂まで登ってから、下り道でサンプリングすることにした。日帰りではきついので、初日は標高一〇〇〇メートルの無人の淀川小屋に泊まる。南の島とはいえ一一月半ば、重ね着をして寝袋に入るが、土砂降りの雨に隙間風が入ってきて、えらく寒い(図1参照)。

翌日は早起きして、登り始める。一カ月に三五日雨が降る(?)といわれている多雨の島にもかかわらず、見事な快晴である。海岸近くの亜熱帯林、その上部の暖温帯落葉広葉樹林はすでに通り過ぎ、ここからはスギ・モミ・ツガ林に入っていく。林内は暗く、林床は厚いコケに覆われている。

標高一六〇〇メートルあたりから急に視界が開けて湿原が出現する。日本最南端の高層湿原、花之江河（はなのえごう）である。湿原の周囲には立ち枯れ木が残り、その間から間近にそびえる黒味岳がみえる。こんなに美しい湿原はみたことがない。まるで天国にいるようである。しばらくは座り込んだまま動けない。しかし、生物研究者の性か、ただぼうーっとしているのではなく、足元の水のなかに沈んでいる落ち葉をつまんで調べると、水生のササラダニがみつかった。ルーペを取り出してよくみると、これまで日光の光徳沼と白根山の弓池からだけ知られているミズノロダニである。最初の収穫に喜びつつ歩き始めると、ヤクシマシャクナゲの低木林になる。前方にシカが現れた。立派な角をもつヤクジカの雄だ。立ち止まり、じっとこちらを注視している。さらに黒味岳、投石岳、翁岳、栗生岳と、背の低いヤクザサを踏みわけ、まぶしい光とひんやりとした冷気のなか、いくつもの山頂をかすめて稜線をたどり、ついに宮之浦岳の山頂に立つ（図40A）。

さて、これから下りながら土壌試料のサンプリングを開始する。まず、山頂の巨大な岩のそばのヤクザサの根元の落ち葉と土を採る。後で判明したことだが、このサンプルからはヤクシマツノバネダニと名づけた新種が見出され、その後の調査でも屋久島の高地のみに生息する新種であることがわかった。下山しながら続いてほぼ標高差一〇〇メートルごとにサンプリングを行っていき、安房（あんぼう）の海岸草原で終了した。ずっしりと重くふくらんだリュックを背負い、ダンボール箱をさげて、すぐさま船に乗り鹿児島へ、それから飛行機で東京へ向かう。袋のなかのササラダニが生きているうちに研究室のツルグレン装置に入れてダニを抽出しなければならない。

図 40　屋久島での調査。A：最高峰宮之浦岳山頂（1936 m）。左が田添歳章氏、右が私。B：低地に生息する亜熱帯性のゴキブリ（サツマゴキブリ）。

ほぼ三カ月を要してササラダニの同定を終わり、屋久島の標高別に出現したササラダニの種を整理してみると、図41のようになった（青木、二〇〇六a）。もっとも標高の高いところに見出されたのはコワゲダルマヒワダニ、ついでヤクシマツノバネダニとミツバマルタマゴダニ、逆にもっとも低い地点にのみ出現したのがフリソデダニモドキとハネアシダニであり、その中間に位置する種も判明した。意外であったのは、ナミツブダニとクワガタダニで、海岸から山頂まで連続してどこにでも生息していたことである。このような垂直分布を示す種は、植物界、動物界を見渡しても、まずいないのではなかろうか。ちなみに、この二種は環境の変化にめっぽう強く、別に行った調査でも原生林から都会地まであらゆる環境に生息できる種であることがわかっている。

この調査をきっかけに、私は屋久島がすっかり気に入ってしまった。その後、ダニの調査、それに最近始めた甲虫の採集にと六回も訪れることになった。古い言い伝えによれば、山姫、山和郎、樹上の仙人、そのほか多くの神々が住まう不思議な森。調査を終えてからゆっくりと浸かる海中温泉、ヤクジカの刺身や焼き肉。亜熱帯の果物。それに、なんといっても数知れない未知の生物に満ちた屋久島の魅力からは逃れ難い。

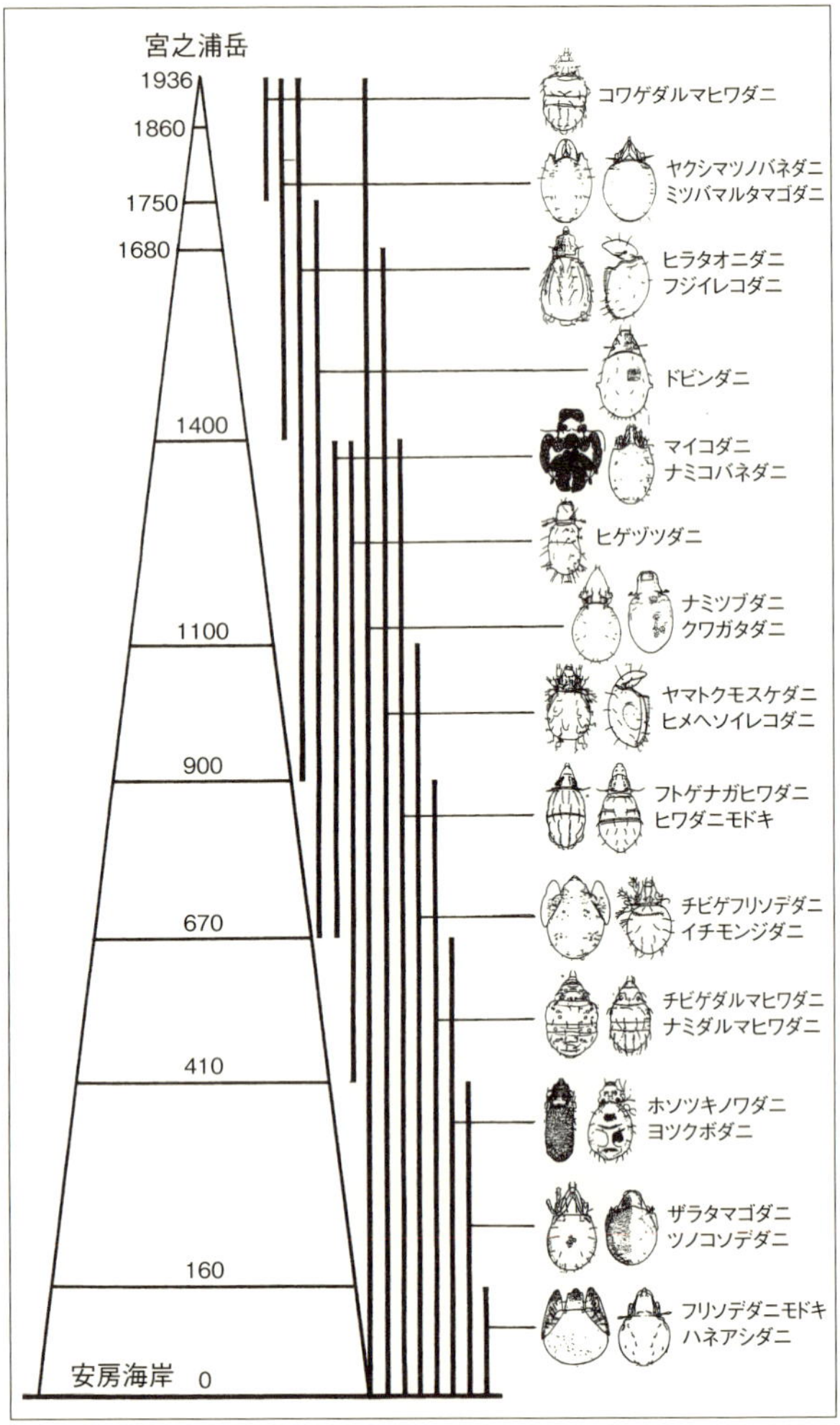

図 41　屋久島の宮之浦岳を頂点とするササラダニの垂直分布。（青木，2006a）

2　小笠原諸島のアフリカマイマイ――一九七七年

沖縄の島々とともに、日本の亜熱帯に属する小笠原諸島は博物学に携わる研究者たちにとって一度は行ってみたい憧れの島々である。小笠原諸島の歴史をみると、いまから三〇〇〇万年前から一〇〇万年前にかけて海底火山が隆起して島となった。スペイン、オランダなどの船が何回か寄港したが、日本政府は一八七六（明治九）年に日本領土であることを諸外国に宣言、一八八〇年に東京府となる。しかし、一九四五（昭和二〇）年、終戦とともに米軍に占領されたが、一九六八（昭和四三）年に日本へ返還された。

小笠原諸島はいわゆる絶海の孤島、つまり大陸からは遠く離れた海洋島。そこには特有な生物相がみられ、小笠原諸島でしかみられない鳥、チョウ、甲虫、カタツムリなどがたくさん生息している。しかし、離島は侵入してきた外来種に対して弱い。まず、外国船が寄港したときの食料にするため持ち込んで放したヤギが増え、植物を食い荒らした。このヤギは最近はなんとか取り除かれたが、いまその後に入ってきた侵入者に悩まされている。まず、小笠原に生息するオオムカデの駆除のために導入されたオオヒキガエルであり、これはそれほどの効果を上げないまま大繁殖し、島の道路は大きなカエルの轢死体に覆われるほどになった。当然、オオヒキガエルは貴重な昆虫やカタツムリを食べてしまう。

もう一つはアフリカマイマイである。この巨大なカタツムリは殻高一〇センチを超えるものが多く、もっとも大きいものでは二〇センチ近くにもなる。東アフリカ原産であるが、食料にするために小笠原に持ち込まれ、飼育されていたものが逃げ出して増殖したと考えられる。このカタツムリは父島では畑に出没し、野菜に大きな被害を与えた。島民は畑の周囲をブリキ板で囲んだりしたが、効果はなかった。役場も知恵を絞り、たくさんのアフリカマイマイを持ち込んだ人に一位から六位まで賞金を出したりして、多量のカタツムリを焼却処分した。天敵となるヒタチオビガイも導入したが、効果は小さかった。

ダニの調査のために初めて小笠原を訪れた私は、その話を聞いて少しは役に立とうと、ついでながらアフリカマイマイの調査も行ってみた。山へ上がる車道を歩きながら、ふと側溝に目をやると、多量のアフリカマイマイが落ち込んで死んでいる。おそらく、夜になって山側の斜面から降りてきたものが側壁のコンクリートを滑り落ちて殻が割れ、あるいは側溝に沿って移動しているうちに夜が明けて日射によって側溝の壁が温められ、はい出せなくなったものらしい。その量はすごいもので、スコップでザックザックとすくえるほどであった（図42D）。降った雨水を排水するために設けられた道路の側溝が、図らずもアフリカマイマイの駆除に役立っていたのである。この貝の殻は大きい割に薄くてもろく、高いところから堅い地面に落下すれば容易に割れてしまうことがわかった。もちろん、道路横断中に車にひかれた個体も多く、日射によってパリパリに乾いた「貝煎餅」がいたるところにみられた。

図 42　小笠原諸島での生物調査（I）。A：船が近づく父島の断崖。B：父島の小型のアフリカマイマイ。C：母島の大型のアフリカマイマイ。D：父島の道路側溝に落ち込んだアフリカマイマイの死骸。（B-D：青木，1978）

いったい、このカタツムリはどのくらいの密度で生息しているのだろうか。その数は植生の違いによって異なるのではなかろうか。そこで、父島に二六地点、母島に八地点、計三四地点において幅二メートル、長さ二五メートルの方形区を設け、そのなかでみつかる生きたアフリカマイマイの数を数えてみた。微小なダニと違って、カタツムリは大きくてみつけやすく、すぐには逃げない。数える方法は、地面にはいつくばり、ゆっくりと前進しつつ落ち葉をどけながら探していく。調査区の幅を二メートルに設定したのも、両腕を広げて届く範囲を考えたからである。ところが、実際にやってみると四つんばいで二五メートルのほふく前進というのは、獣と違って本来直立二足歩行の人間にとっては、かなりしんどい作業である。それを三四地点もやってのけたのだから、もうヘトヘトに疲れてしまった。しかし、苦労した甲斐があって、植生の違いはアフリカマイマイの生息数に歴然とした差異を示した（表3）。もっとも多かったのはギンネムとガジュマルの林であった。両種とも外来植物である。おそらく、同じく外来種であるアフリカマイマイの故郷にもある植物なのだろうか。つぎに多かったのはハスノハギリであるが、この樹木は海浜近くに生え、林内が湿っているせいかもしれない。その他の植物の林では生息数がきわめて少ない。ヒメツバキは小笠原諸島の固有種であり、この陸貝は原生林には入れないのだろうか。リュウキュウマツは外来種であるが、このカタツムリの姿はまったくみられない。先端が尖った針葉はカタツムリの軟らかい肉に突き刺さるのだろうか。もし、そうだとしたら、アフリカマイマイはリュウキュウマツの林を通過することもできず、この人工林を帯状につくれば、防火林ではなくカタツムリの移動拡散を防ぐ「防貝林」ができるのではないだろうか、

表3　アフリカマイマイの生息個体数と優占植物との関係。

優占植物	アフリカマイマイ個体数／2×25m										
ギンネム	112	65	56	18	10	7	1				
ガジュマル	101	40	37								
ハスノハギリ	87										
モクマオウ	2	0	0								
ヒメツバキ	1	0	0	0	0	0	0				
リュウキュウマツ	0	0	0	0							
タコノキ・ビロウ	0	0									
その他	10	7	3	3	3	2	1	1	0	0	0

などと勝手な考えをめぐらした。

ところで、一つだけ腑に落ちないことがあった。父島ではアフリカマイマイが住む場所は人間の影響が大きい村のなかや舗装道路わきなどであり、自然林のなかでは少なくなっていたが、母島へ行くとその逆で、乳房山や石門山など手つかずの自然が残されている場所に多いのである。同じ種でありながら、島が違うと違う環境に生息している。しかも、父島の個体はせいぜい殻高一〇センチどまりであるが（図42B）、母島では一四センチにも達した（図42C）。まさか、これらの二群は別種なのではなかろうか。陸貝の専門家に聞いてみたが、はっきりした回答は得られなかった。

それとは別に、この害貝アフリカマイマイを積極的に利用すればよいのではないかとも考えた。もう一度食料として見直すのである。好奇心が強く、食いしん坊の私は、さっそくその試食をしてみることにした。まず、一〇匹ばかりのアフリカマイマイを捕まえてきて、料理を試みた。この貝には広東住血線虫という寄生虫がいるので、火を通さないと危険である。小さな島のスーパーで小鍋、醬油、塩、砂糖、油、竹串を買ってきた。殻から出した肉はよく塩でもんでヌラを取り、煮つけ、唐揚げ、串焼きの三種類の調理をした。せっかくだから缶ビールも買ってきて、アフリカマイマイづくしの夕食が始まった。口に入れてみると、どれも味はまあまあだが、とにかく硬い。なんとかして、肉を軟らかくする工夫が必要である。圧力鍋で煮ればよいかもしれない。島の人たちも、このカタツムリを憎しみをこめて踏みつぶすだけでなく、島の名物として売り出すくらいのことを考えたらよい。フランス料理のエスカルゴよりは、よほどたっぷりとした肉の量があるのだから。

最近の情報によると、小笠原諸島のアフリカマイマイはめっきり減ってきたという。この陸貝がもっとも好むギンネムの林が急激に減ってきたことと関係があるのかもしれない。日本中にまん延したアメリカザリガニは例外として、アメリカシロヒトリやセイタカアワダチソウのように、外来生物は一時大増殖しても、いつしか滅びていく運命にあるのかもしれない。

3　幻の虫、サワダムシ——一九七七年

世の中には不思議な生き物の言い伝えがある。英国のネス湖のネッシーをはじめ、日本でも東北地方のタキタロウ（滝太郎）、日本各地のツチノコ、四国剣山の大蛇、西表島の「トラ」など、そのような姿をしたものがいるといううわさがあり、実際にそれをみたことがあるという人もいるのだが、「物」（標本）がない。このような生き物は実在はせず、なにかのみまちがいか、想像上の生き物であ

るに違いない。

しかし、ここで取り上げるのはたしかに発見され、命名記載までされながら、その後何十年もみつかっていないという生物のことである。その一つにサワダムシ（現在はサワダヤイトムシと改名されたらしい）がある。サワダというのは人の名前で、一九二九年に澤田秀三郎という人が小笠原諸島（たぶん、父島）でただ一頭を発見し採集して持ち帰り、その標本にもとづいて翌年に岸田久吉によって命名記載されたのがサワダムシである。澤田秀三郎は小田原の旅館の主人であり、岸田久吉は林業試験場に籍を置き、生物に関する広範な知識をもった生物学者で、とくにクモやダニのなかまに強い関心をもっていた。ササラダニの分類について私に最初の手ほどきをしてくれたのも岸田久吉先生であった。そのサワダムシは一九二九年に記載されて以来、四〇年以上、だれも目にすることがなく、記載された当時の標本の所在もわからず、ほんとうにそんな虫がいたのだろうかと、岸田先生には失礼ながら、疑う人もいたのである。つまり、「幻（まぼろし）の虫」といわれたのである。

しかし、その虫は実在した。一九七二年、すなわち最初の発見記載から四三年もの年月を経た後、この虫が関口晃一・山崎柄根の両氏によって小笠原諸島の父島で再発見、一六頭の標本が採集され、学会誌に報告された（Sekiguchi and Yamazaki, 1972）。これで岸田先生も浮かばれるというものである。当時、関口晃一氏は筑波大学教授、山崎柄根氏は東京都立大学助教授であった。そもそもサワダムシとはなんのなかまなのか。昆虫綱とは別の綱（科や目よりも上の分類単位）の蛛形綱（ちゅけいこう）と呼ばれる動物群があって、そのなかにはクモ目、サソリ目、サソリモドキ目、カニムシ目、ヤイトムシ目などが含まれるが、サワダムシはこのなかのヤイトムシ目のヤイトムシ科に属する。「ヤイト」とは灸（きゅう）のことで、灸をすえるときに皮膚の上にもぐさを固めたものを置くが、ヤイトムシの短い尻尾がその灸の形に似ているところからつけられた名である。種類数は少ないが、昆虫でもなくクモでもない虫がいることは知っておきたい。

それから五年後、今度は私自身がサワダムシを採集する機会に恵まれた。採集地は最初の発見地および二度目の発見地の父島ではなく、となりの母島であった。初めて小笠原諸島を訪れた私は、ぜひともこのサワダムシにお目にかかりたいものと願っていたが、原産地の父島では、ついにその姿をみることはできなかった。しかし、続いて訪れた母島でその機会はやってきた。一九七七年六月二三日、母島南端の南崎に近いテリハボクを主体とする林で落葉落枝を白布の上でふるっていると、クモでもなくカニムシでもなく、さりとてザトウムシでもない体長四ミリあまりの小さな艶のある褐色の虫が、きわめてゆっくりとはっているのをみつけた。私も地面にはいつくばって、ルーペで眺めると、これぞサワダムシであろうと確信した（図43）。すぐに毒瓶に入れるのが惜しい気がして、私はそのゆっくりと歩く姿をいつまでも眺め続けていた。その後、母島の石門山のウドノキ林、堺ヶ岳山頂のワダンノキ低木林、桑ノ木山のヒメツバキ林、沖村のガジュマル林、さらに父島の中央山のヒメツバキ林、大村のモクマオウ林、清瀬のリュウキュウマツ林などで採取した落ち葉から、ツルグレン装置によって計一五頭のサワダムシを得ることができた。私の専門のササラダニではないが、長年幻の生物とされてきたものに会えた喜びは非常に大きかった。

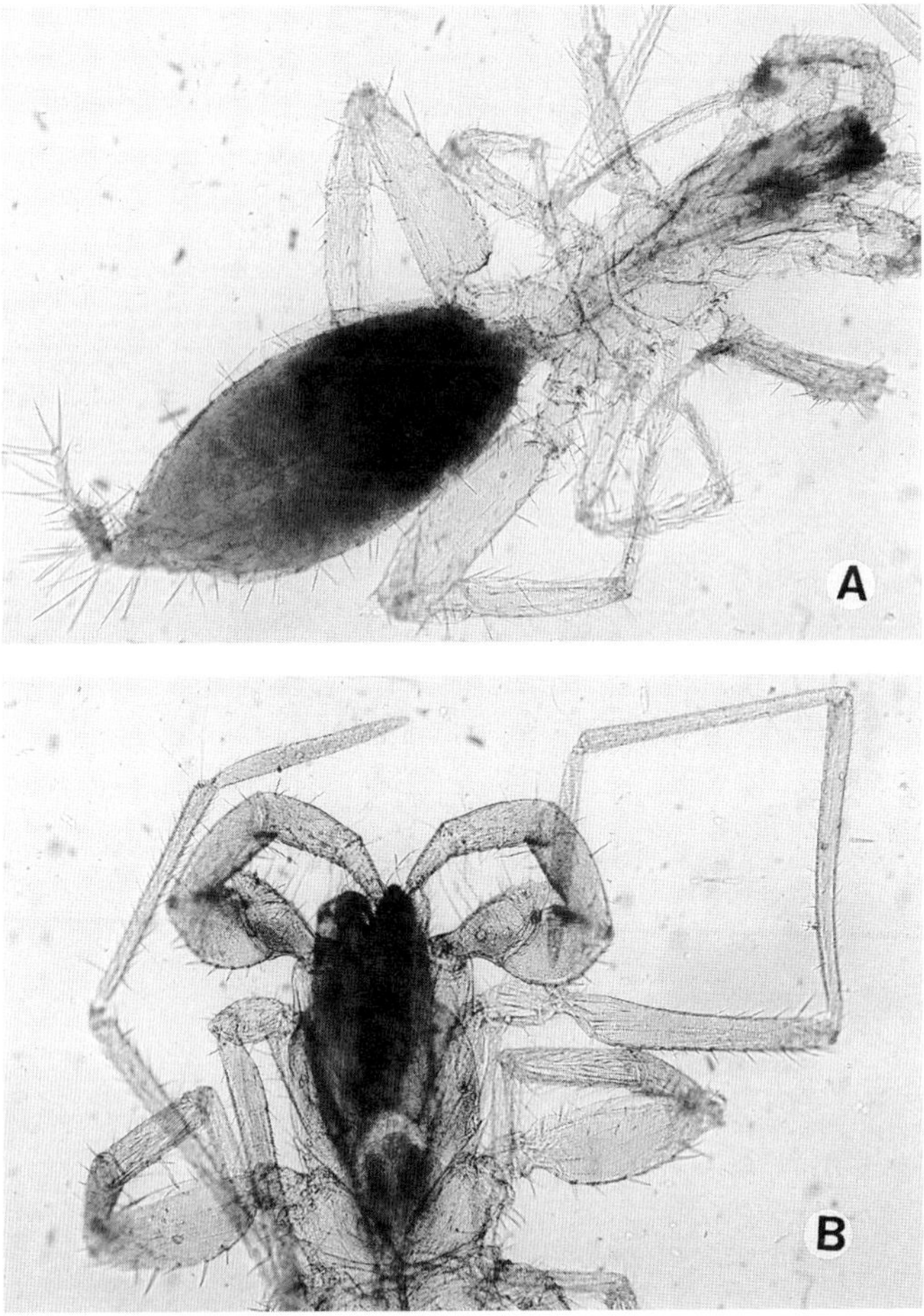

図 43　小笠原諸島での生物調査（II）。小笠原特産のサワダムシ。A：全形。B：頭胸部。

小笠原の調査では、もちろん私の専門であるササラダニの収穫も大きく、体ががっちりとした恰好いいイブシダニ科のなかまのチビイブシダニ、ハラダイブシダニ、オガサワライブシダニ、ヘコイブシダニなど四種の新種が見つかった（図44）。また、父島で私が採集したワラジムシは等脚類の専門家である布村昇氏によりアオキモリワラジムシ *Setaphora aokii* Nunomura──母島で採集したカニムシはカニムシの専門家である佐藤英文氏によりグンバイウデカニムシ *Cheiridium aokii* Sato というように和名または学名に私の名をつけて新種として記載された（図44）。余談になるが、すでに述べたように、新種に学名をつけるとき、私（青木）が命名するときには学名の末尾（第三語）に命名者として青木の名が入り、そうではなくて他人が私に献名してくださる場合は学名の第二語に青木の名が入ることになる。和名の場合は、自分が学名を命名した種の和名には青木の名は入れない。そんなことをする人はいないが、もし自分で学名を命名した種の和名に自分の名前を入れたりしたら、物笑いの種になってしまう。しかし、私に献名してくださった種の和名にはアオキ〇〇〇ムシというように私の名を入れていただける場合が多い。よく「青木さんはたくさんのダニの新種を発見したのだから、アオキ〇〇〇ダニというダニがたくさんいるのでしょうね」といわれることがあるが、それはとんでもない勘違いなのである。ちなみに私が命名したダニ（学名の最後に Aoki がつく）は四五〇種、私に献名されたミミズ、ムカデ、カニムシ、ハネカクシなどの動物（学名のまんなかに aokii がつく）は二一種になっている。

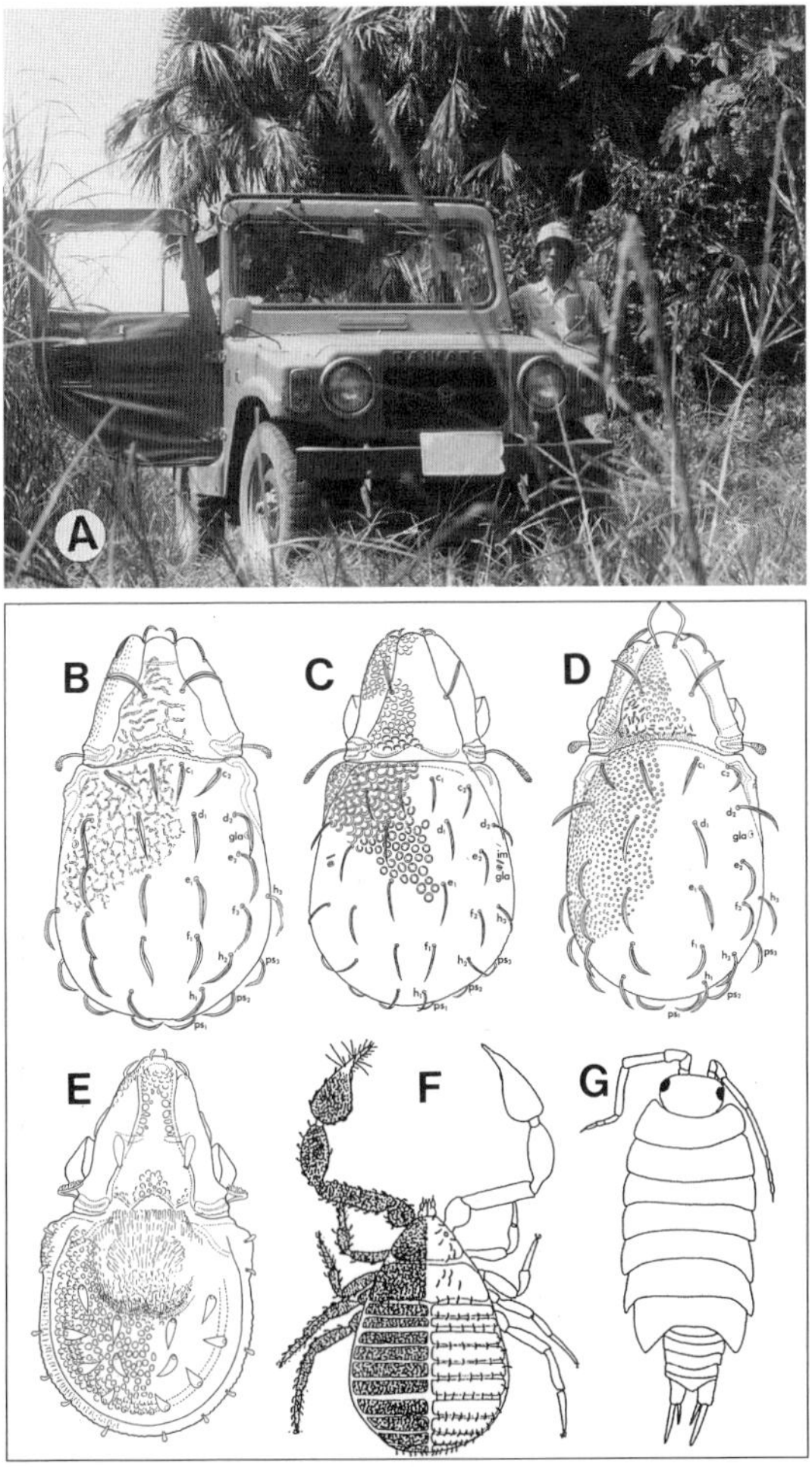

図 44　小笠原諸島での生物調査（III）。A：ビロウ林へジープで乗り込む。B–E：採集されたササラダニの新種。F：グンバイウデカニムシ。G：アオキモリワラジムシ。（B–E: Aoki, 1978, F：Sato, 1984, G：Nunomura, 1986）

4　南海のユートピア、トカラ列島——一九八一年、一九八七年

屋久島と奄美大島の間に点々と連なる島嶼群がある。そのうち、人が居住し定期船が通っている島は北から口之島、中之島、平島、諏訪之瀬島、悪石島、小宝島、宝島の七島である。琉球列島の島々には、かなり小さな島まで飛行機が飛んでいるが、トカラ列島の島々には飛行場もなく、週二便運航される船で行くしかない。その不便さが幸いしてか、トカラ列島には手つかずの自然が残され、生物学的にはたいへん興味ある魅惑的な島嶼群になっている。小さいながらも島にはかなり高い山があって、最高地点は中之島で九七九メートル、諏訪之瀬島で七九九メートル、口之島で六二八メートル、悪石島で五八四メートルある。したがって、標高によって植生も異なり、植物相も案外豊かである。諏訪之瀬島だけはいまなお活発な火山活動が続いていて、白い噴煙を上げ続けている。

私が鹿児島の港から乗船した船の最初の寄港地は口之島だった（図45A）。鹿児島から六時間かかって着く。トカラ列島のなかでは三番目に大きい島だが、面積は一三平方キロしかなく、それでも最高地点は六〇〇メートルを超える。聞いてみると、島に住んでいるのは百世帯にも満たないという。後であちこちの島をめぐってわかったことであるが、島の人たちの性格が島ごとに違う。とくによそからきた人に対する対応において、口之島の人たちはきわめて親切である。口之島というだけあって、口が軽い。港で声をかけてきた漁師（たしか「勝ちゃん」といったと思う）は漁師なのに山が好きで、

図 45　トカラ列島での生物調査。A：野生牛が住む口之島。B：トカラ列島最大の中之島。C：宝島特産のタカラヤモリ。

漁に出ない日には山を歩き回っているという。ちょうどよいので、道案内がてら私の採集に同行してもらう。私が採集するところをみたいというが、残念ながらダニは肉眼ではみえない。ただ、落ち葉を袋に詰めていくだけである。それでも、この落ち葉のなかには「こんな可愛らしい姿をしたダニがたくさんいるんだよ」という私の説明に、目を輝かせてついてくる。

この島でとくに印象的だったのは、野生牛である。野生の黒毛和牛が生息しているのは、この島だけだという。島を一周する道路の東と西に一カ所ずつ関門があって、車は通れるが、ウシは通れないようになっている。地面に道幅いっぱいに数本の金属パイプが並べて設置してあり、それがグルグルと回転するようになっているので、ウシが通過しようと思っても蹄が滑って前進できないような仕掛けになっている。つまり、その関門を境にして島の南側はウシの居住域として野生牛が自由に暮らし、北側は人間の居住域になっている。貴重な野生牛であるから、鹿児島大学の研究者たちが通ってきて、野生牛の生態調査を行っている。

私もその野生牛に会ってみたいと思い、車で島の南側に入った。ただし、絶対に車の外に出ないように厳重に注意された。野生牛のなかには島の人たちが「荒武者」と呼んで恐れている大きな力強い牡牛がいて、人をみれば襲いかかってくるという。人間が木に登って逃げても、その木の下で執念深く待っているという。私はその「荒武者」に出会うことはできなかったが、野生牛にはたくさん出会った。そのうちの若い一頭が根元から枝分かれした木の股に足を挟まれて動けなくなっているのをみたが、車から降りて助けてやるわけにもいかず、そのまま通り過ぎてしまった。その後どうなったろうか。その日の晩は、勝ちゃんが素潜りで採ってきた巨大なイセエビを三センチくらいの幅にぶつ切りにした刺身をたらふく食べさせてもらった。

つぎに訪れたのがトカラ列島で一番大きく、一番高い山（標高九七九メートル）をもつ中之島である（図45B）。持参した平面図の地図と違って、地元でくれた島の地図は斜め上空から俯瞰した地図である（図46）。よく、ファンタジーの本の最初の扉のところに描かれている怪物の住む仮想の島の地図のようで、わかりやすくて楽しい。中央右方には「底なし池」なんていう恐ろしげな名前がつけられた沼がある。さっそく行ってみると、大きな太い倒木が水中に沈みかけ、恐竜のようにみえる。口之島にはヘビが多かったが、この島にはトカゲとヤモリはいても、ヘビはいないという。鬱蒼と樹林が茂る山があるのに、不思議である。最高峰の御岳は一〇〇〇メートルを切るが、海岸から登るとかなりきつい。登るにつれて植生がつぎつぎと変化していくのがわかる。それぞれ代表的な植生のところで森のなかに潜り込んで落ち葉を掻き集める。まだ、トカラ列島のササラダニはだれもみたことがない。採集した種類はおそらく数十種に達するだろうが、それらはすべてトカラ列島新記録ということになるのだ。パイオニアとしての喜びがわいてくる。東京へ帰ってから調べて判明したが、新種と新亜種が合計七つ発見されたのである（図47）。なかでも、フリソデダニ科の一種カザリフリソデダニは新属新種として記載されたが、まん丸い体一面に細かい亀甲模様が施され、体の左右に張り出す翼状突起は細かい粒々で密に飾られ、まことに可愛らしく美しい（図47E）。

とにかく、船は週二便であるから、つぎの島へ移動するのに時間がかかる。つぎはいまなお噴煙を

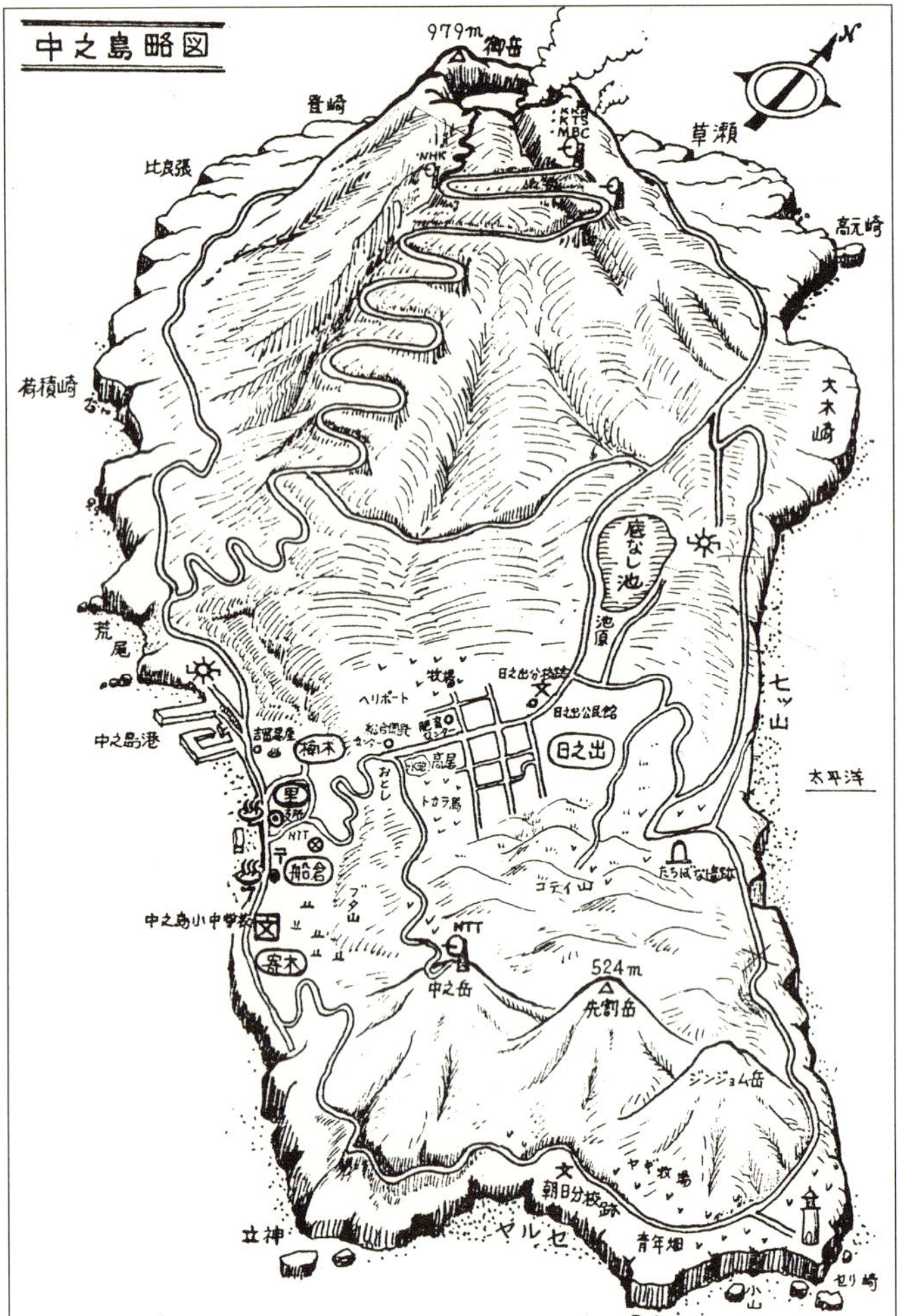

図 46　中之島の俯瞰地図。

上げている諏訪之瀬島である。ほかの島での宿泊はどこも素朴な民宿であったが、当時この島には高級リゾートホテルが一つあるだけだった。選択の余地はなく、貧乏人の私もドタ靴を履いたままホテルの玄関をくぐった。クジャクを放し飼いにした広い芝生のなかにはパラソルつきのテーブルが置かれ、ボーイがつききりで肉を焼いてくれる。王様にでもなった気分である。翌朝、高い宿泊代を支払って、山へ登る。あまり噴火口のそばに入ってはいけないと注意されていたが、手ぶらで帰るわけにはいかない。いまなお噴火している島の火口原にはどんなダニが生息しているのか、確かめたい。みていると、噴火は間欠型で、ほぼ五分おきにパラパラと火山弾を飛ばすことがわかったので、岩陰に潜みながら安全な時間帯に飛び出し、岩原のところどころに島のように離れ離れに固まっているマルバサツキの低木林めがけて突進し、落ち葉をつかみとるや急いで岩陰に引き返すということを繰り返した。ずいぶんと危険で無謀なサンプリングをしたものである。この噴火口に近い場所の落ち葉からは、コンボウオトヒメダニという劣悪な環境にも耐えるササラダニがみつかっている。

その後、悪石島、宝島に上陸し、船旅で苦労したトカラ列島の調査は終わった。それぞれの島で結婚式や葬式の習慣も異なり、島民の顔つきも違うという興味深い列島では、生息しているササラダニも異なっていた。九州、屋久島と奄美大島の間に位置するトカラ列島のダニ群集は、その両方の島からやってきた一部の種で構成されそうなものだが、トカラ列島特有の種や亜種がいくつも分布していることに強い興味を覚えたのである。

ダニの調査のついでに宝島でみつけた黄色い斑のヤモリは写真に撮り、後に爬虫類の専門家の疋田

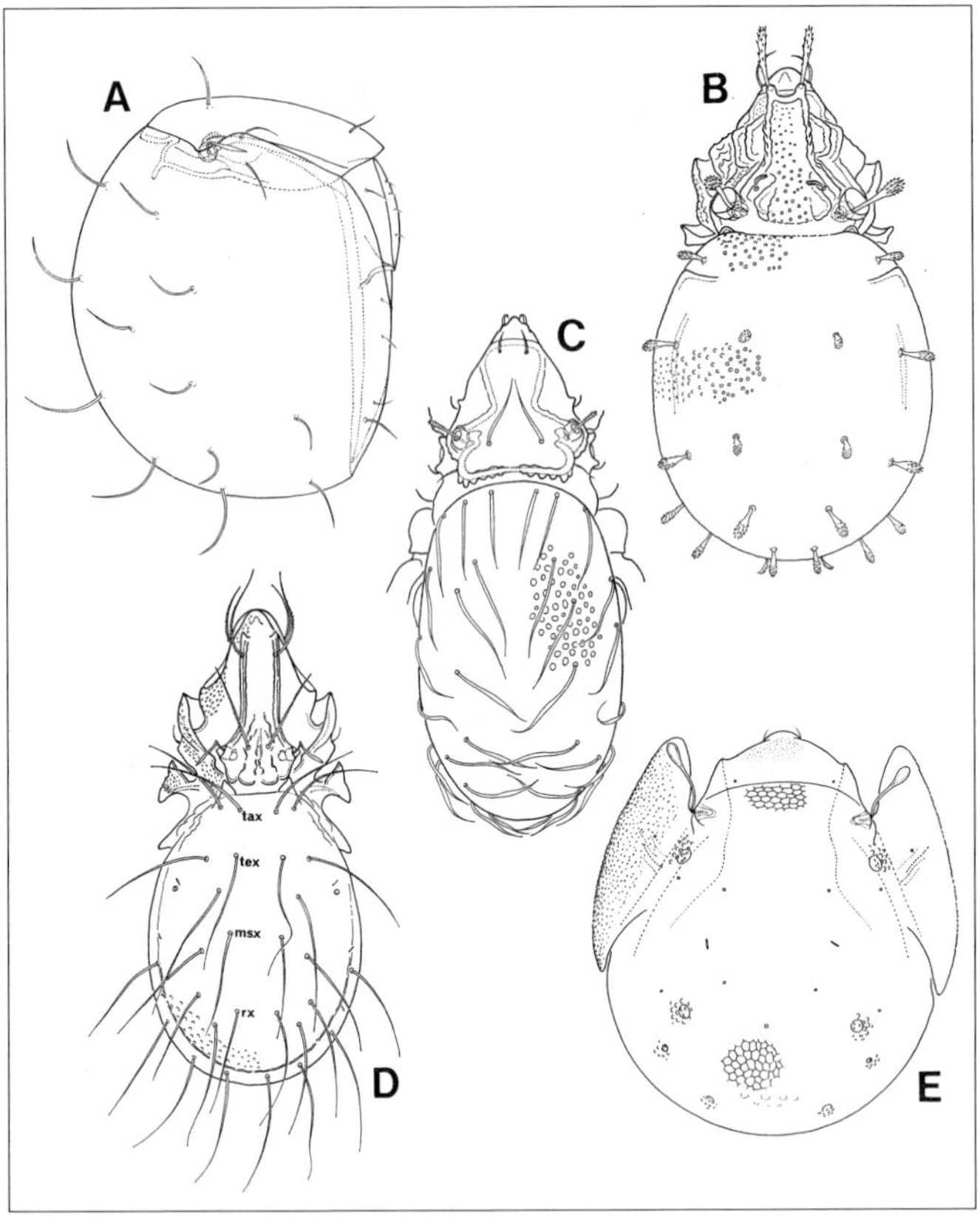

図 47　トカラ列島で発見されたササラダニの新種。A：トカライレコダニ。B：フサゲイブシダニ。C：トカラツキノワダニ。D：トカラオオイカダニ。E：カザリフリソデダニ。（A, E：Aoki, 1988; B–D：Aoki, 1987）

努先生にみてもらったところ、宝島にしか生息しないタカラヤモリと判明した（図45C）。当時、このヤモリにはまだ名前がついておらず、未記載の種であったが、そんなこととは露知らず、しばらく可愛がって（？）から、逃がしてしまった。

貴重な生物が生息しているトカラ列島の自然は、ぜひとも守っていきたいものであるが、二〇〇四年にトカラ列島の属する鹿児島県十島村の村条例で、トカラ列島の昆虫類が全面採集禁止になった。一部の心ない採集家の乱獲が原因になったようであるが、まだまだ昆虫相が解明されていない列島での採集行為が禁止されてしまったことには、複雑な思いを禁じえない。正当な手続きを得たうえでの昆虫調査の道は残しておいてほしいものである。島の昆虫類は島の宝であるので、その存在すら知られずに忘れさられてしまうことを危惧する。

5　アリの巣の同居人——一九九三年

知らない人からきた手紙をあけるときは、なにか厄介なことを頼まれるのか、なにか楽しいことが書いてあるのか、半分は心配、半分は楽しみである。その封筒の裏には北海道大学の伊藤文紀さんという名があった。アリの社会構造を研究している人で、インドネシアで研究中にアリの巣のなかでへんなダニをみつけたという。場所はボゴールの植物園で、フタフシアリのなかまの巣のなかにまん丸く体がふくらんだダニが同居していて、アリが世話をしているという（図48）。そのダニは自分で歩くことをせず、ゴロゴロと転がっていて、アリがせっせと食べ物を運んできて食べさせてくれるのだという。鳥のひなに親が餌を運んでくるのは普通であるし、親が子の面倒をみる昆虫もあるが、成虫になってもほかの生物に食事をさせてもらう生物など聞いたこともない。さらに驚いたことに、そのダニが産卵するときには、アリが卵を引っ張り出して、まるで助産婦さんのようにダニのお産を手助けするのだという。自分だけで卵を産めない生物など聞いたこともない。アリの体に付着して運ばれていくダニがいることはよく知られているが、それは「便乗」といって、ダニがアリを交通手段として使っているにすぎない。インドネシアのダニのように、アリの巣のなかに住まわせてもらい、まるで寝たきり老人のように「介護」されているダニがいるとは！

私には信じられない思いだったが、なにはともあれ、そのダニの標本を送ってくれるよう、伊藤さんに頼んだのである。到着した小包を開き、瓶詰になったダニを顕微鏡で観察すると、体が白っぽくブヨブヨで軟らかく、ササラダニのなかまの若虫だろうと見当がついた。一般に、ササラダニの成虫と若虫はすぐに区別できる。成虫は体が堅く体色が褐色から黒色、生殖門の吸盤が三対なのに対し、若虫は体が軟らかく体色が白に近く、生殖門の吸盤が一対から三対である。この基準でいくと、届けられたダニは生殖門の吸盤は二対しかないので、第二若虫ということになる。

しかし、つぎの瞬間、私は「あれーっ」と叫んだ。そのダニの体内に大きな卵があるではないか。成虫ではない、若虫なのに卵をもっている！　すぐに私の頭にひらめいたのは「幼形成熟（ネオテニ

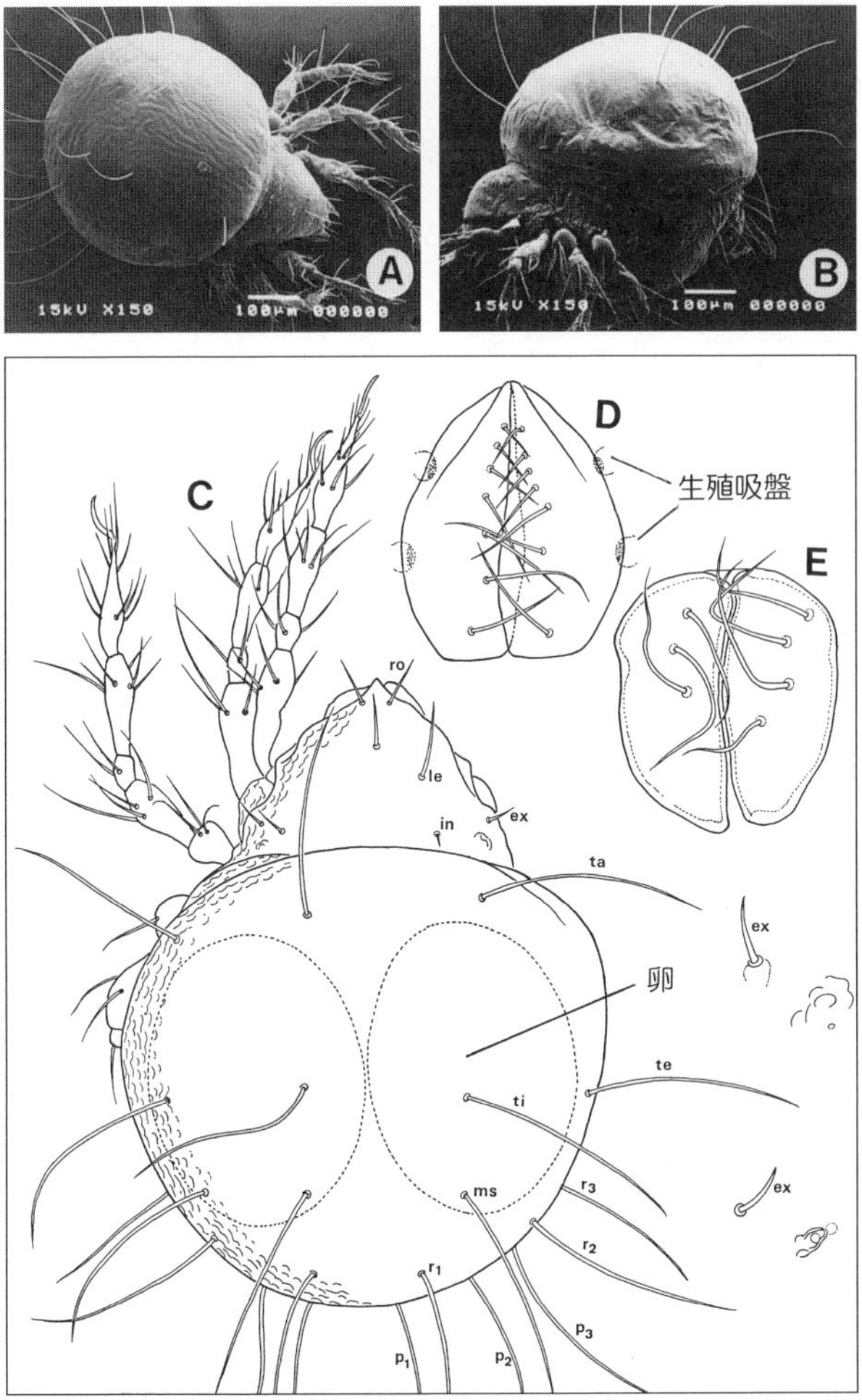

図48　アリの巣に同居するササラダニの一種*Aribates myrmecophilus* Aoki。A：背面写真。B：側面写真。C：背面図（体内に2個の大きな卵）。D：生殖門（吸盤は2対）。E：肛門。（Aoki, 1994）

ー)」という言葉であった。まれな例ではあるが、ハエのなかまには幼虫(うじ)の形をしたまま体内に卵を生じて産卵する種がいる。もっと身近な例では、ミノムシの雌は羽のあるガの形にならず、蓑のなかに入ったまま、羽をもたない幼虫の形態で産卵する。このダニの場合には幼虫ではなく若虫であるが、成虫にはならず、第二若虫の段階で成長がストップして産卵するのであり、ダニでは初めての例であろう。

驚きはさらに続く。では、なぜアリはこのササラダニの世話をするのだろうか。伊藤さんの観察によると、アリの巣が何者かによって壊されたりすると、アリは自分の子どもは後回しにし、この介護を必要とする同居人をくわえて、真っ先に避難させるのだという。そんなにまでして、このダニを大切にする理由があるのだろうか。その答えは驚くべきもので、それを聞いて私は一瞬背筋がぞっとした。いよいよ食料が尽きてしまったとき、アリはこのダニを食べるのだという。つまり、アリにとってこのダニは「保存食」だったのである。言い方を変えれば、アリの「家畜」だともいえる。人類が家畜を飼うようになるよりもずっと以前に、アリはすでに家畜を飼っていたのだ。

このアリとダニの共生関係はまことに興味が尽きないものであるが、まずダニの種名を確定しなければならない。さっそくプレパラート標本を何枚もこしらえ、くわしく調べた。世界中のどの文献にあたっても、こんな形態のダニは出ていない。非常に大胆な処置であったが、私はこのダニを新科新属新種として命名記載することにした。新しい属名はちょっとふざけて日本語のアリにかこつけ、種小名は発見地のジャワにちなんで *Aribates javensis* Aoki とし、ダニ学の国際誌 International Journal of Acarology に発表した（Aoki, 1994）。種名が確定したので、今度はこの興味深い生態について発表して世界の研究者に知らせる必要がある。そこで、伊藤さんは同じ北海道大学で助手をしていた高久元さんと共著でドイツの有名な科学雑誌 Naturwissenschaften に投稿した。この雑誌の編集委員からすぐに登載したい旨の返事がきたが、「論文が短すぎる。こんなおもしろい発見は、もっとくわしく書いてくれ」という注文がつけられてあったという。この論文は世界の生物学者の注目を浴び、日本でも新聞記事になって多くの読者を驚かせた（朝日新聞一九九四年九月一〇日）。

6　真鶴海岸のツツガムシ——一九九八年

ツツガムシ病はツツガムシが媒介するこわい病気である。ツツガムシと「ムシ」がつくが、昆虫ではなくダニのなかまである。成虫は赤色で全身ビロードのような毛に覆われ、地表で小さな虫などを食べているが、幼虫はオレンジ色で足が六本しかなく、哺乳類や鳥類に寄生して血を吸う。野ネズミにはとくに多く、それがヒトの皮膚を刺すと、ツツガムシの体内にいるリケッチアがヒトに移され発病する。高熱を発し、翌日あたりから全身に赤い発疹が現れ、放置しておくと場合によっては命を落とす。

私が研究しているのは、そんな恐ろしいダニではなく、無害な可愛らしいササラダニであるが、同じダニのなかまである以上、ツツガムシにも関心がないわけではない。とくに、野外で活動し、藪のなかに潜る機会の多い研究者にとっては、日ごろから注意しなくてはならない。ツツガムシがもっとも多く生息するのは、川や道路に沿った丈の高い草地や藪で、アカネズミが好む環境でもある。

しかし、私は意外なところでツツガムシに出会った。神奈川県の真鶴には横浜国立大学の理科教育実習施設があって、そのすぐ前の海岸を歩いていると、海藻や木くずが打ち上げられていた。なにかいるかもしれないと拾い集めて持ち帰り、土壌動物抽出装置（ツルグレン装置）に入れて電球で照射すると、ハネカクシなどの甲虫に混じってオレンジ色のダニが一〇匹も落ちてきた。よくみるとツツガムシである（図49）。すぐにツツガムシの専門家である鈴木博博士に送付して鑑定してもらったところ、タテツツガムシという種であることがわかったので簡単な報告を書いておいた（青木、一九九九）。ツツガムシ病は媒介するツツガムシの種類によって毒性が異なり、東北のアカツツガムシや高知県のトサツツガムシの場合は致命率が高いが、関東地方のタテツツガムシはそれほどこわくはない。しかし、当時私が勤務している大学の実習施設のすぐ近くにツツガムシがいるのは好ましくない。その心配もさることながら、なぜ海岸の砂浜にツツガムシがいたのか、不思議でしかたない。ネズミに寄生したいのであれば、海岸などでなく、もっと山側の藪のなかにいればよいではないか。もしかしたら、昼間に砂浜に海鳥がやってくるか、それとも夜間に海岸に出てきて餌をあさるタヌキでもいるのであろうか。ツツガムシが期待して待っている相手の動物がわからない。

野外で調査を続けていると、いろいろとわからないことに出会う。「なぜだろう」と思ったら、す

図 49　海岸のツツガムシ。A：真鶴海岸。B：漂着物。C：タテツツガムシの幼虫。（青木，1999）

ぐに調査を試みればよいのだが、たいていはそのまま通り過ぎてしまう。それでは研究者失格である。真鶴海岸のツツガムシも、いまだにわけがわからないままである。

7　ダニに喰いついた男――二〇〇〇年

へんな表紙の本がある（図50）。タイトルは『ダニに喰いついた男』。横に、ナイフとフォークをもって、ワインを飲みながら巨大なダニを食べている男の写真がある。これは私が六五歳になって横浜国立大学を停年退官するにあたって、印刷された退官記念文集の表紙なのである。普通、退官記念文集といえば、退官する教授の経歴、業績目録などがあって、本人の論文のほか、専門の近い研究者の論文を募って印刷した堅苦しいものと相場が決まっているが、私の場合は少々、どころか大いにふざけてしまったのである。第一、普通はヒトはダニに喰いつかれるものだが、逆にヒトがダニに喰いついたのである。四十数年間にわたって、ダニ一筋に喰らいついて研究を続けてきた自分を、半ば自賛し、半ば嘲笑してつけたタイトルなのである。原稿を受け取った印刷屋から電話がかかってきて、「ダニに喰いつかれた」のまちがいではないんですか？　と聞かれ、「いや、これでいいんだ」と返事をしたものだ。

私が大学に入ってダニの研究をテーマに卒業研究を開始したのが二一歳、それから停年までの四五

図 50　青木淳一退官記念文集『ダニに喰いついた男』(2000 年)。上：おもて表紙。下：うら表紙（こんなに大きいダニがいたら、いいのに）。

年間、東京大学、ハワイのビショップ博物館、国立科学博物館、横浜国立大学と研究の場は移り変わったが、土壌中に生息するササラダニ類の研究に明け暮れた。私としてはダニの博物学的研究に没頭したい気持ちが強く、ありがたいことに博物館という職場ではそれが認めてもらえ、大手を振って分類学、博物学に邁進できた。しかし、大学へ移ると、そうはいかなかった。とくに私が所属した環境科学研究センターでは、環境科学としての生物学的研究を要求された。そこで私が考えたのは、ダニを用いて環境診断をするという提案であった。土壌中に生息するササラダニは環境の変化に非常に敏感に反応し、種組成を変化させる。したがって、そこにどんな種類のダニが住んでいるかを調べれば、そこの自然環境が豊かで良好なものか、貧弱で劣悪なものか、ダニを指標生物として診断できることになる。そのためには、ダニの種名がわからなければならないが、ササラダニ類の分類学的研究はすでに行っていたため、すぐに役に立った。そして、私の首もつながったのである。博物学的研究が応用研究につながった一つの例と考えてよい。

しかし、そのような「役に立つ研究」と平行して、私の「役に立たない研究」も相変わらず続行されていった。ダニの採集のために訪れた場所は日本列島の北の果ての礼文島から、南の果ての波照間島まで二九〇〇地点におよび、頂上を極めた山は一四〇座に達した。平地に残存している自然林としての神社林では、落ち葉と土壌を取らせていただくために、お賽銭を入れて拝んだ神社の数も八〇を超えた。その結果、論文数は三〇〇編を超え、発見したササラダニの新種は日本産のもので三〇〇種、外国産のものまで入れると四五〇種に達したのである。まだ見知らぬ山へ登るとき、見知らぬ島へ渡るとき、そこにはどんなダニがいるか、いつもワクワク、ドキドキしていたものである。吸血性のヒルやダニに喰いつかれ、ヘビに咬まれ、崖を転がり落ちたこともあったが、おかげで日本中の自然にくまなく接し、野外生物学、博物学にどっぷりと浸ることができた。

石原裕次郎の歌ではないが、「我が人生に悔いはなし」である。

第8章——博物学を伝える——ナチュラルヒストリーの未来

1 科学の土台

博物学は、それ自体の目標に向かって突き進んでいく学問であると同時に、あらゆる生物学分野、地学分野の学問の基礎、土台になっているものである。したがって世間一般に思われているような古臭い学問、すたれてしまった学問ではない。生物学的な面からいえば、まず第一の目標は地球上の全生物に名称を与え、記載することである。第2章に述べたように、この地球上で名前を与えられた生物が一四〇万種といわれるが、実際に生息している種数の推定値は一億とも二億ともいわれる。一億としても、すでに名づけられた生物の割合は全体の一・四%にすぎない。したがって、全生物どころか、半分の種に命名することですら、果てしない年月を要するであろう。そのうえ、名前をつけるだけではなく、一つ一つの生物の生活、生態、分布などを突き止めていくのは、なおのことたいへんである。それでも、人間という不思議な生物は、この絶望的な難作業を喜びとともに一歩でも進めていこうとする。「なんのために」と疑いたくもなるが、それが博物学なのである。

しかし、少しでも多く得られたそれらの成果は、生物学の他分野の研究の土台となっていく。新しい研究上の進歩は、その知識の上に積み上げられていく。欧米の大学や研究所では生命を追究する最新の学問分野の研究を行っている研究室の隣に博物学的研究をこつこつと続けている研究室が併存しているという。そのバランスが見事である。一方、わが国では土台となる博物学的研究がはるかに遅れているにもかかわらず、それを顧みずに流行の先端をいく学問分野に研究者が殺到する。

生物学のあらゆる分野で行われる実験に使われた生物は、種名がきちんと同定されていなければならない。たとえば、「実験材料にはニホンアカガエル *Rana japonica japonica* Gunther を用いた」と記してあれば、その種がどういう性質をもったカエルであるかがわかって実験結果の読み方も変わるし、また追試も可能になる。それがただ「カエル」とか「カエルの一種」では話にならず、研究成果の評価も下がってしまう。さらに多くの種からなる生物群集を研究対象とする植生学や群集生態学の研究では、多数の種を確実に分類同定しなければならない。ある地域のインベントリー調査、ファウナ（動物相）、フロラ（植物相）などの総合調査でも同様で、調査隊のなかに多くの分類学者を入れる場合もあれば、少人数で調査して集められた標本をそれぞれの専門家に送って同定してもらう場合もある。保全生物学的な仕事はこのような博物学的データの上に積み重ねられていくことになる。

2　標本と文献は国家の財産

標本は、ただの「物」ではない。動物、植物、岩石、鉱物、なんであれ、それは一つ一つ無限の情報を含んだ貴重品である。であるから、「物」が標本になるためには、採集データがついていなくてはならない。少なくとも、採集場所、採集年月日、採集者名が明記されていなければならず、できれば採集環境、採集方法も記されているとよい。このようなデータをともなわないものは、「標本」とはいえず、ただの「物」にすぎない。また、記載された文章は、その標本の一部分に着目して特徴を述べているにすぎない。観察者が違えば、注目される点も異なってくる。見過ごされている特徴や性質は無限にあるといってもよい。しかし、標本さえあれば、違った角度からの観察により、いつでも情報を引き出せる。ある種の同定や解釈について疑問や論議が起こった場合、標本を調べなおしてみれば問題が解決する。その意味において、とくに種の記載のもととなった基準標本（タイプ標本ともいう）の価値は大きい。それらの標本は大切に保管し、後世に伝えていかなければならないゆえんである。

ところで、標本はどこに保管されているのか。実情は世界中の博物館、大学、研究所、個人の私宅などに散らばって保管されている。標本のなかでも基準標本は学問上きわめて重要なもので、そのなかでも記載命名の際にもととなった正基準標本（ホロタイプ holotype）は一個だけ指定され、世界中に一つしか存在しない標本であるから、公的な機関（博物館や大学博物館）で紛失しないよう、破損しないよう、火事で焼失しないよう、カビが生えないよう、虫に食われないよう、変質しないよう安全に保管されるのが望ましい。正基準標本と同時に補足的に指定された一個または複数個の副基準標本（パラタイプ paratype）もできれば公的機関で保管するのが望ましい。動物学および植物学の分野では、このことはほぼ守られているとみてよい。しかし、最近になって私が関係をもつようになった昆虫学の世界では、副模式標本が公的機関で保管されているとは限らず、多くの副模式標本が個人の所有になっているのを知って驚いた。その理由は二つあって、一つには標本が公的機関に入ってしまうと、アマチュアの多い昆虫研究者の場合、その標本をみたいと思っても自由にみせてもらうことや貸し出してもらうことがむずかしくなるのではないかという危惧、二つには貴重な副模式標本を所有しているという満足感であるらしい。とくに高い値段がつけられるチョウや甲虫、さらに貝類などの世界ではこのような風潮が強い。第一の点については、たしかに公的機関を通さないと貸し出してくれないところもあるが、個人でも研究者として認められる人には貸し出しをするようにすべきであると思う。第二の点については、模式標本に指定されたからには個人で所有すべきものではなくなったと考える（あきらめる？）必要があると思う。なぜなら、それは学問上貴重な財産、国家の宝なのであり、公共物として国民全体が守っていくべきものだからである。

　上に述べたことは基準標本についてであるが、そうでない標本についても、最終的には公的機関に保管されるのが望ましい。とくに、ある分野の標本について網羅的に系統的に何十年もかけて収集された立派な標本セットは、その収集家や研究者が没した後、しかるべきところに保管されるのが望ましい。標本の所有者の死後、その標本の価値がわからない家族によって破棄されたり、所在がわからなくなってしまった例は多い。所有者は生前から標本の最期の寄贈先について家族に話しておくなり、遺言状に記しておくのがよい。

以上に述べてきた標本とは、自然史研究の原点になる「自然史標本」であり、国の宝なのであるが、これを国は法律的に守ってくれない。なぜなら、自然史標本は文化財の範疇には入らず、文化財保護法の適用を受けないからである。分類学者の馬渡峻輔博士は「自然環境の保全こそが人類の持続可能性を保障する鍵であり、その自然環境は標本を通して知ることができる。自然史標本は人類を含む生物が地球上に生きていた証拠と自然環境を物語ってくれる」というようなことを述べている（馬渡、二〇一三）。二〇一一年三月に起きた東日本大震災のときに改めて考えさせられたことであるが、被災した文化財と自然史標本とでは、調査や修復に明らかな違いがあった。自然史標本も文化財に準じて公的に保護されるべきとの認識のもとに、目下日本学術会議で分科会が設けられて議論されているというので、期待したい。

研究者が故人となった場合に残された標本とともに、故人が苦労して集めた文献もまた、きわめて重要な遺産である。最近になって急速に進歩を遂げた科学の分野では、研究者は最近の新しい成果を載せた論文さえ読めばよく、科学史を専門とする研究者以外は古い文献に目を通す必要がない。しかし、博物学の分野では、たとえば動植物の分類学に携わる者は少なくともリンネがSystema Naturae

を出した一七五八年以降の論文はすべて目を通さなければならない。その当時から現在までにいたる間に出された論文は世界各地のあらゆる雑誌にばらばらに掲載されており、一人の研究者が関与する分野の論文を集めるだけでも膨大な時間と費用を要する。雑誌に掲載されたもののほか、大きな論文やモノグラフはそれぞれ単冊の書籍となっており、値段も高価なものが多い。故人が専攻していた分野の研究を引き継ぐことになった若い研究者にとって、これを一括してみせてもらえることほどありがたいことはない。したがって、集められた文献や書籍も標本と同様に、できれば公的な機関にまとめて寄贈して保管され、希望する研究者が閲覧できるようにすることが望ましい。

文献のほかに、多くの博物学者が作成している文献カードも貴重な財産である。私が横浜国立大学に勤務していたころ、トビムシ類の分類の大家であった吉井良三博士が訪ねてこられ、博士の所有されているご自身の論文別刷、先生の先輩にあたる木下博士の論文別刷のすべてと文献カードのセットを寄贈された。これらは現在貴重な財産として横浜国立大学で保管されている。これらの文献は後継者がすべて譲り受けてしまうのもよいかもしれないが、やはり公的な財産として広く利用されるよう、大学や博物館で保管されるほうが望ましい。

3　後継者の育成

たとえば、ある生物群について偉大な分類学的業績を残した研究者が他界したとする。その後には研究済みおよび未研究の膨大な標本（基準標本をも含む）と論文が遺されたとしても、その生物群の分類学的研究は一時ストップする。研究は進まなくとも、その標本と文献を利用すれば、種の同定はできるであろう。また、他界した大家に追従し、同じ分類群の研究を新たに始める若い研究者が現れるかもしれない。しかし、もっとも理想的なのは、その分野のパイオニアとしてまだ活躍している研究者の存命中にその指導を受けながら、後継者が育っていくことである。つまり、その分野の研究者がかなり長い期間いない状態が続かないことである。残された標本と業績を頼りにすることだけで研究を始めるよりは、実際に目の前で教えてくれ、刺激と忠告を与えてくれる指導者がいるほうが、はるかにうまく研究がつながっていく。つまり、生存中にバトンタッチをすることである。

このやり方によって多くの大学の研究室で教官から学生へと研究が受け継がれている。在学している大学にその分野で指導をしてくれる教官がいない場合には、形式的な指導教官の許可を得てほかの大学や博物館の研究者に指導を仰ぐこともできる。私も博物館に勤務していた時代があって、いくつかの大学の大学院生の研究指導を任されたことがある。

出版物の果たす役割も大切である。大学や研究機関でよい指導者に出会うことが大事であるが、その前の段階として、博物学に興味をもつ学生がいなければならない。大自然のなかで動物や植物や岩石などを研究する学問、すなわち博物学の道へ進みたいという漠然とした希望をもっている高校生などが、その道へ進む決心をするきっかけとなるのは書物との出会いであることが多い。図書館や書店の本棚には、博物学というタイトルこそなけれ、自然物に関する心ときめく書籍や図鑑がたくさん並んでいる。じつをいえば、私が小学校一年生のときに虫採りをますます好きにしてしまった本は『日曜の昆虫採集』という本であったし、老年になってからホソカタムシという甲虫の分類学に熱中するきっかけをつくったのは高校生のときに目にした“Fauna Germanica”というドイツの甲虫図鑑であった。自分が書いた本のことで恐縮だが、現在植物学、菌類学などの分野で専門家として活躍している人たちが、「私がこの道に進むきっかけとなったのは先生の『ダニの話』を読んだからですよ」といわれ、驚き喜んだものである。

いろいろな生物群の図鑑や専門書が数多く出版されている点で、日本は欧米に引けを取らない。そのおかげか、博物学に興味を抱く高校生は数多くいる。しかし、かれらの進路となる大学からは動植物の分類学や地質鉱物学の研究室が消えていき、そのような研究室が健在な大学はいくつかしかない（近年、大学付置の博物館が設立され始めたのは、たのもしい）。せっかく博物学への希望を燃やし始めた学生を受け入れるところが少ない。そのせいかどうかはわからないが、わが国では博物学で食べていくことはあきらめ、ほかの職業に就きながら、図鑑や文献を座右に置いて研究を続けている在野の博物学者が多く存在する。

では、博物学者の卵を育てるには、どうしたらよいであろうか。いま博物学の分野で活躍している研究者に聞いてみると、小学生のころにチョウ、トンボ、セミ、カブトムシ、クワガタムシなどの虫採りや川や池で魚、ザリガニ、カエルなどを捕まえるのに夢中になった経験をもっていることが多い。子どものころから植物や岩石に興味をもつ子はほとんどいないが、虫採りや魚捕りが好きだった子どもたちのなかから、昆虫学者や動物学者だけでなく、植物学者や地質学者が育っていく。子どものころにそうした経験がなく、大学生になってから急に博物学の分野に興味をもつ者は、まずいない。この点が科学のほかの分野とは違っている。

したがって、近ごろのように生命尊重だ、動物愛護だといって子どもたちが自然のなかで楽しんでいる採集行為を禁じてしまうことは、博物学者の卵をつぶしていることになるということに、多くの大人たちは気づいていない。幼い子どもが動物や虫に興味を持ち出したら、自由にさせておくのがよい。できれば、少し手助けしてやることが望ましい。小・中学生になって親の知識だけで間に合わなくなったら、博物館に行かせるのがよい。展示をみせるだけでなく、親切な学芸員に会わせるとよい。多忙な日々のなかでさえ、熱心な子どもたちがやってくることを、学芸員たちは待ち望んでいるのである。その結果、大人顔負けの「豆博士」が育っていく。先日NHKテレビをみていたら、変形菌が大好きだという子どもが出てきた。増井真那君というその小学生は野外で採集してきた何種類もの変形菌を自宅で培養している。彼にいわせると、「変形菌は状況に応じて姿形を変えるので、その動きと考え方を研究したい」という。脳をもたない生物の「考え方」というのが、すごい。ご両親も真那君の研究を応援しているが、すでに手に負えなくなり、私もよく知っている筑波大学の菌類の専門家の出川洋介さんに指導してもらっている。可愛らしい顔の真那君いわく「変形菌はぼくの大切なお友だち。一緒に学校へ行きたいくらいです」という。なんというすばらしい表現をする子どもだろう。

自然離れ、理科離れといわれるいまの世の中であるが、少数ながら博物学研究者の卵はいつの世にも存在する。それをつぶさないようにしたいものである。博物学はほかの学問分野と違って、その芽は感性豊かな子どもの心のなかで芽生え、成長していくものである。

4 分類学者の最期

ササラダニ類（自活性の土壌ダニ）の多くの新種を美しく精密な図とともに記載し続け、ダニの分類学に世界でもっとも大きな業績を残した学者の一人、フランスのフランソワ・グランジャン（F. Grandjean）博士は、九一歳で最後の論文を執筆中にバッタリと倒れてあの世へ行かれた。同じくダニの分類学を専門にしてきた私からみると、グランジャン博士の生き方、死にざまは、まさに研究者の理想とすべきものであり、頭の下がる思いであった。私も博士のように、退職後もそれまでと変わらずに研究を続け、論文執筆中にあの世へ行きたいと願っていた。

ところが、七〇歳を過ぎたころから、考えが変わった。そのきっかけは何人かの分類学の大先輩の死であった。先に述べたように、分類学の仕事には膨大な数の標本と文献が必要である。しかも、それらはだれにでもわかるようにきちんと整理されてはおらず、雑然とした保管状態で、本人だけにしかわからないようになっていることが多い。したがって、本人が突然あの世へ行ってしまったり、認知症になってしまったりすれば、標本や文献がどこにあるのか、まったくわからなくなってしまう。大先生の死後、標本や文献のありかを探し回るのに後輩の私はずいぶんと苦労したものである。

そんなことから、分類学者はある年齢に達して老い先短くなったら、研究をストップし、まずいままでに記載した新種のタイプ標本（基準標本）に納入すべき博物館の登録番号をつけ、なるべく早い時期に博物館か大学に納める。国立や県立の博物館のほかに、近年は大学にも総合博物館や研究博物館が併設されるようになり、多くの貴重な標本が保管されるようになってきた。タイプ標本以外のその他の標本もだれがみてもわかるように整理し、剝製や昆虫標本の場合には虫やカビがつかないように防虫剤、防黴剤を入れて整理しておく。液浸標本の場合にはエタノールやホルマリンが漏れたり蒸発したりしないように処置をしておく（図51）。プレパラートも封入液が乾いて気泡が入ったりしないよう、カバーガラスの縁に沿ってマニキュアやエナメルを塗布しておく。家族の多くは、残念ながら当人の研究やコレクションに無関心である場合が多く、生前に寄贈場所を指定して頼んでおかないと、ゴミのように処分されかねない。

論文の別刷などの文献も著者別、年代別にファイルしておく。また、自分が公表した論文のリストも作成しておいたほうがよい。これらの標本や文献は手元に置いておいてもよいが、できればだれか

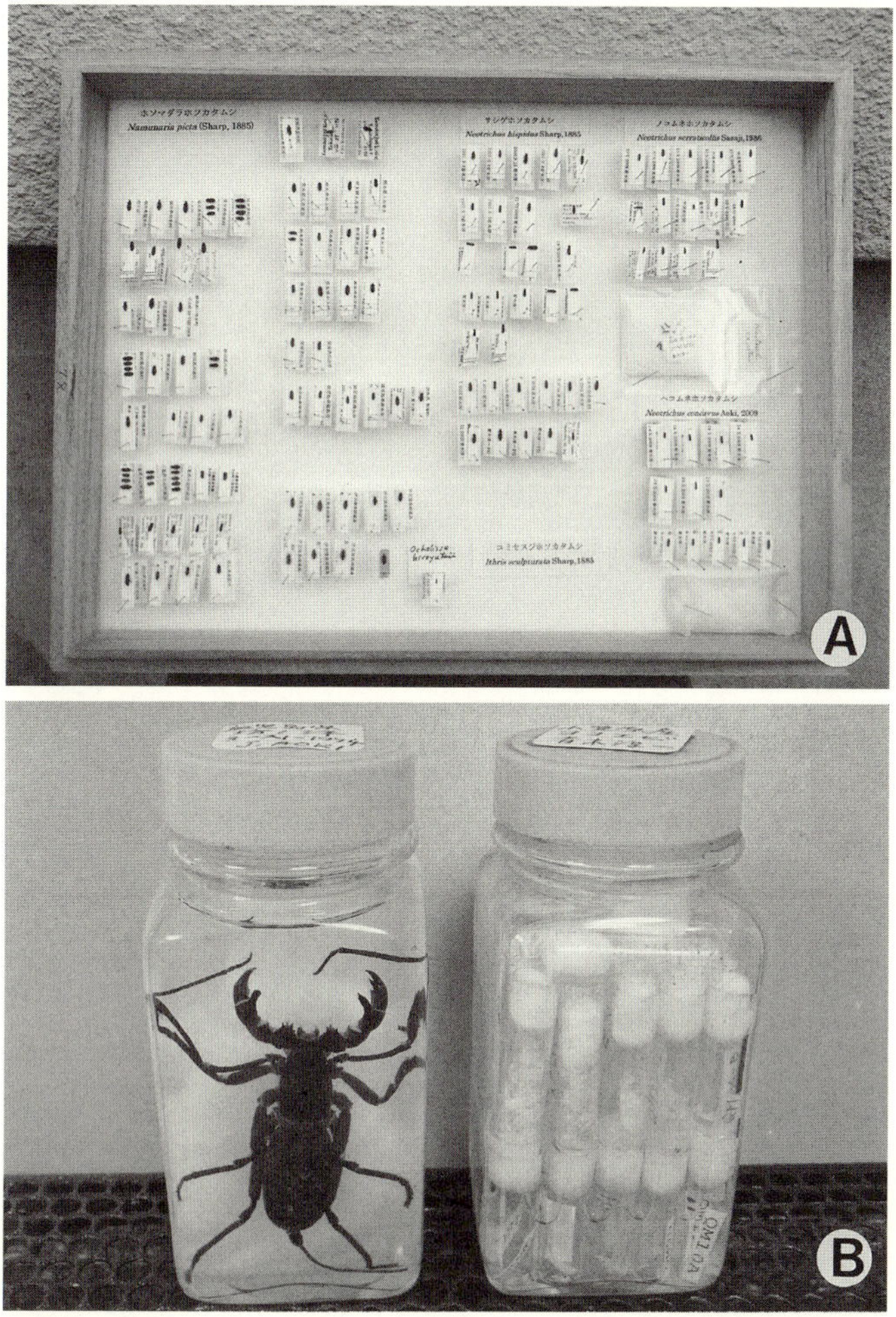

図 51　生物標本。A：乾燥標本（微小甲虫）。B：液浸標本（サソリモドキ）。

有能な弟子を自宅に呼び、まだ自分が生きているうちにくわしく説明し、しかるべき機関に運び込んでもらったほうがよい。私は喜寿を迎えた平成二四（二〇一二）年になってからすぐにこのことを実行した。標本と文献はすべて国立科学博物館、横浜国立大学、宮城教育大学の三カ所に分散して保管してもらった。

このようにして、私はいつ死んでもよいような準備が整った。そのときの気持ちを正直に告白すれば、ほっと一安心したと同時に、一抹の寂しさを感じた。五〇年間にわたるダニの研究、その間の苦労や喜びがすべて脳裏によみがえってきた。一九五六年、大学三年生のときに初めてササラダニの新種を発見した長野県美ヶ原のシラカンバの林。その新種第一号に当時の指導教官だった山崎輝男先生の名にちなんで「ヤマサキオニダニ」と命名したところ、少しも喜んでもらえなかったこと。一九六〇年、栃木県日光の光徳牧場のロッジの窓のないスキー乾燥室を一夏借り、そこに寝泊まりして博士論文のための調査をしたこと。一九六三年、大学院を修了し、博士の学位をもらったものの就職口がなく、非行少年の保護施設で働いた暗い日々。一九六四年、ハワイのビショップ博物館で雇ってもらい、初めての海外生活に嬉々として研究に励んだこと。一九六五年、国立科学博物館に就職し、月給二万五〇〇〇円ながらダニの分類学に没頭できる幸せな日々が始まったこと。『土壌動物学』という七三〇頁に及ぶ本を出版し、その努力が認められたのか横浜国立大学へ迎えられ、植生学出身の原田洋助手と二人で四〇年間にわたり日本列島全域のササラダニ生息調査を開始し、およそ三〇〇〇地点で土壌採取を行ったこと。一九八〇年、冬の二カ月間、ボルネオの熱帯雨林のなかで植生学の宮脇昭

図 52　横浜国立大学の土壌環境生物学研究室から巣立っていく研究者。上：ササラダニ、アリヅカムシ、シデムシ、クマムシなどの専門家たち（1983 年）。下：学会大会の懇親会で私と談笑するダニ研究の後継者の一人、島野智之宮城教育大学准教授（2005 年）。

教授とともにめずらしい動植物を相手に研究ができたこと。一九九二年から六年間、中国の上海昆虫研究所と共同で、少数民族の居住地、雲南省で土壌動物の調査を行ったこと。一九九五年、環境庁の釧路湿原生物調査に参加し、五年間にわたって北海道の広大な自然のなかで調査活動を行ったこと。一方、南の島々への憧れも捨てがたく、琉球列島の島々をほとんど全島制覇したこと、などなど。

多くの科学者は大学や研究機関を停年退職した後は、研究を中止してしまうことが多い。その理由はいくつかあるだろうが、実験・研究のための設備が使えなくなり、自宅で研究を続けることが困難になってしまうことが多い。また、研究を続けるための予算もなくなる。しかし、分類学をはじめ、自然を相手にする博物学の分野では、退職後も研究を続けられる場合が多い。分類学では、顕微鏡と文献さえあれば、なんとかなる。高齢になっても、自宅で死ぬまで研究を続けている人も多い。それほど博物学の研究は魅力的であり、プロフェッショナルな研究者としての地位を失ったとしても、そう簡単に捨てきれるものではないのである。

冒頭に記した理由から、私はあえてそれを捨ててしまった。身辺整理をすませ、私の仕事を引き継いでくれる弟子たちに今後の研究をゆだね、微笑みながらそれを見守っていこうと思う（図52）。

いま、私の脳裏には、遠からず別れを告げなければならない美しくも愛おしい日本の自然が去来する。それは私が長年研究してきたササラダニの姿とともに、私の側からはやがて完全に姿を消してしまうだろう。しかし、私が発見して命名したダニたちの学名の最後につけられた命名者の名、「Aoki」だけは、この地球上に人類が生存する限り、ほぼ永遠に残されていくことであろう。

おわりに

いつものことだが、本の原稿を書き終わってから、後悔する。こんな内容でよかったのだろうか。不完全さがめだつ。昨年出版した『むし学』（東海大学出版会）の場合も、気にしていた点を馬渡峻輔北大名誉教授の書評で鋭く指摘された。「むし学」といいながら、淡水や海水に住む「むし」にまったく触れていないではないか。他人の業績をあまり読んでおらず、独りよがりで自分が楽しいことばかり書いている、と。本のタイトルにあまり広い題をつけると、どうしても「抜け」が多くなってしまう。どうせ、専門以外のことはそんなにくわしく書けるはずもないのだから、やめておいたほうがよい。

そのように深く反省しておきながら、今回また同じ轍を踏んでしまった。「博物学」なんて、タイトルが大きすぎる。自分の好きなダニや昆虫の話ばかりで、博物学の研究対象になる鳥や哺乳類、植物、岩石、鉱物には、ほとんど触れていないではないか、といわれてしまいそうである。しかし、ひとこと弁解させてもらうならば、教科書ならいざ知らず、他人の著書や論文を読みあさって引用しながら書いた書物は、いってしまえば他人の「受け売り」ではないか。読んでおもしろいわけがない。

そんなことで、本書にはほとんどダニと昆虫ばかりが登場する。ご勘弁願いたい。そんな内容でも、博物学に対する私の情熱、感動を少しでも感じ取っていただけたら、うれしい。同時に、大学勤務の前後に私を雇ってくださった三つの博物館に感謝し、昔も今も博物学の中心となるべき存在の博物館の存続と発展を祈ってやまない。

また、本書を執筆するにあたって、たいへんお世話になった東京大学出版会編集部の光明義文氏に深く感謝する。編集者というのは執筆者をおだてるのが上手である。私が以前どこかの雑誌に書いたエッセイを読まれて、「いまは亡き日高敏隆先生のような文章を書けるのは、青木先生のほかにはいませんよ」などといわれ、「そんな、とんでもない」と思いながらも、ホイホイとおだてに乗ってしまったのである。

二〇一三年七月

青木淳一

［初出誌一覧］

青木淳一（二〇一二）日本の自然（ナチュラルヒストリーの時間1）。UP四七六、六‐九。（第1章第4節）

青木淳一（二〇一二）採集の楽しみ（ナチュラルヒストリーの時間2）。UP四七八、二六‐三〇。（第4章第1節）

青木淳一（二〇一二）新種の発見（ナチュラルヒストリーの時間3）。UP四八〇、二二‐二六。（第3章第3節）

青木淳一（二〇一二）分類のための図鑑と文献（ナチュラルヒストリーの時間4）。UP四八二、四五‐四九。（第3章第1節）

青木淳一（二〇一三）博物館の仕事（ナチュラルヒストリーの時間5）。UP四八四、四二‐四六。（第3章第4節）

青木淳一（二〇一三）分類学者の最期（ナチュラルヒストリーの時間6）。UP四八六、二四‐二八。（第8章第4節）

"*Trithyreus sawadai*" (Uropygi: Schizomidae) from the Bonin Islands. *Acta Arachnol.*, 24: 73-81.
自然環境研究センター，2008．日本の外来生物．平凡社，479 頁．
種生物学会（編），2010．外来生物の生態学――進化する脅威とその対策．文一総合出版，376 頁．
太平洋資源開発研究所（編），2000-2005．全国方言集覧　全 14 巻．生物情報社，各巻平均 1600 頁．
内田清之助（代表），1928．日本動物圖鑑．北隆館，2168+67+172 頁．
Wallace, A. R., 1876. The Geographical Distribution of Animals: with a Study of the Relation of Living and Extinct Faunas as Elucidating the Past Changes of the Earth's Surface. Two volums. Hafner Publishing Co., 1110 pp.
Willmann, C., 1931. Moosmilben oder Oribatiden (Cryptostigmata). Dahl, F.: Die Tierwelt Deutschlands, 22 Teil: 79-200.
Wilson, J. E., 1999. Describing Species: Practical Tainomic Procedure for Biologists. Columbia University Press, 518 pp.
ウィルソン，J. E.（馬渡峻輔・柁原 宏訳），2008．種を記載する――生物学者のための実際的分類手順．新井書院，653 頁．

岩波書店，235 頁.
池原貞雄・下謝名松栄，1975. 沖縄の陸の動物. 風土記社，144 頁.
磯野直秀，2012. 日本博物誌総合年表. 平凡社，750 頁.
環境庁自然保護局野生生物課，1995. 日本野生生物目録（無脊椎動物編 II）. 自然環境研究センター，612 頁.
川勝正治・青木淳一，1968. 皇居内で採集された外国産コウガイビル. 遺伝，22(10): 45–47.
川勝正治・青木淳一，1969. 皇居内で採集された外国産コウガイビル（補遺）. 採集と飼育，31(12): 374–377.
Kawakatsu, M., N. Makino and Y. Shirasawa, 1982. *Bipalium nobile* sp. nov. (Turbellaria, Tricladida, Terricola). A new land planarian from Tokyo. *Annot. Zool. Japon.*, 55: 236–262.
Lean, G., D. Hinrichsen and A. Markham, 1999. Atlas of the Environment. Prentice Hall, 192 pp.
MacArthur, R. H. and E. O. Wilson, 1967. The Theory of Island Biogeography. Princeton University Press, 224 pp.
馬渡峻輔，2013. 自然史標本の公的保護をめぐって——趣旨説明. 日本分類学連合第 12 回総会・公開シンポジウム（講演）.
盛口 満，2004. 西表島の巨大なマメと不思議な歌. どうぶつ社，222 頁.
元村 勲，1932. 群集の統計的取扱に就いて. 動物学雑誌，44: 379–383.
長尾 勇，1965. 地蜘蛛俚語の命名と変化. *Atypus*, (36): 22–23.
中村 浩，1998. 動物名の由来. 東京書籍，240 頁.
日本離島センター，1998. 日本の島ガイド Shimadas（シマダス）. 日本離島センター，1327 頁.
Nunomura, N., 1986. Studies on the terrestrial isopod crustaceans in Japan. III. Taxonomy of the families Scyphacidae (continud), Marinoniscidae, Halophilosciidae, Philosciidae and Oniscidae. *Bull. Toyama Sci. Mus.*, 9: 1–72.
Reitter, E., 1911. Fauna Germanica. Die Käfer des Deutschen Reiches. III band. K. G. Lutz, 436 pp.
佐々 学，1950. 疾病と動物. 岩波書店，195 頁.
Sato, H., 1984. Pseudoscorpions from the Ogasawara Islands. *Proc. Jpn. Soc. Syst. Zool.*, (28): 49–56.
Sekiguchi, K. and T. Yamazaki, 1972. A redescription of

Islands, southern Japan. II. *Bull. Biogeogr. Soc. Jpn.*, 43(6): 31-33.
Aoki, J., 1994. Aribatidae, a new myrmecophilous oribatid mite family from Java. *Intern. J. Acarology*, 20: 3-10.
青木淳一，1996. 虫採り少年の心と自然愛. 初等理科教育，30(8): 3-4.
青木淳一，1999. 真鶴の海岸で採集されたツツガムシ. 横浜国大人間科学部理科教育実習施設研究報告，12: 7-11.
Aoki, J., 2002. The second representative of the family Nehypochthoniidae found in Central Japan (Acari: Oribatida). *Bull. Kanagawa Prefect. Mus.* (*Nat. Hist.*), (31): 23-25.
青木淳一，2004a. 子供と自然. 道徳と特別活動. 2004 年 3 月号: 2-3.
青木淳一，2004b. 豆博士が育つ森. 新時代の博物学検討フォーラム，(1): 4.
青木淳一，2006a. 屋久島の森のダニ――ササラダニ類. 大沢雅彦・田川日出夫・山極寿一（編）世界遺産屋久島――亜熱帯の自然と生態系（朝倉書店）: 180-187.
青木淳一，2006b. 自然の中の宝探し. 有隣堂，181 頁.
青木淳一，2008. 生き物を種の単位で認識しよう. 地球環境大学会報，(9).
青木淳一，2009a. 南西諸島のササラダニ類. 東海大学出版会，222 頁.
青木淳一，2009b. なぜ，虫屋は男ばかりなのか. 花蝶風月（神奈川昆虫談話会連絡誌），(136): 9-10.
Aoki, J., 2011. Four species of the genus *Leptoglyphus* from Japan (Coleoptera, Bothridiidae). *Elytra, Tokyo, N.S.*, 1: 263-271.
Aoki, J., 2012. A new species of the genus *Microsicus* from Ishigaki Island, South Japan. (Coleoptera, Zopheridae, Colydiinae). *Elytra, Tokyo. N.S.*, 2: 217-219.
青木淳一・原田 洋，1983. 日本列島の気候区分生物分布図の提案. 横浜国大環境研紀要，10: 163-170.
青木淳一・奥谷喬司・松浦啓一，2002. 虫の名，貝の名，魚の名――和名にまつわる話題. 東海大学出版会，245 頁.
江副水城，2012. 獣名源. パレード，248 頁.
堀越増興・青木淳一（編），1996. 日本の生物（新版日本の自然 6).

引用文献

Aoki, J., 1958. Zwei *Heminothrus*-Arten aus Japan (Acarina: Oribatei). *Annot. Zool. Japon.*, 31: 121-125.

青木淳一，1962a. 奥日光のササラダニ群集と植生および土壌との関連. I. 植生，土壌およびササラダニ類の記載. 日生態会誌，12: 169-180.

青木淳一，1962b. 同上. II. ササラダニ群集の構造分析（水平的比較）. 日生態会誌，12: 203-216.

Aoki, J., 1967. Microhabitats of oribatid mites on a forest floor. *Bull. Natn. Sci. Mus. Tokyo*, 10: 133-138.

青木淳一，1968. ダニの話. 北隆館，199 頁.

Aoki, J., 1970. Descriptions of oribatid mites collected by smoking of trees with insecticides. I. Mt. Ishizuchi and Mt. Odaigahara. *Bull. Natn. Sci. Mus. Tokyo*, 13: 585-602.

青木淳一，1976.「群集」という用語について――動物学者の立場から. *Edaphologia*, (14): 45-48.

青木淳一，1978. 小笠原諸島の土壌動物相の研究. II. アフリカマイマイ（*Achatina fulica*）の生息状況と生態的防除のための一考察. *Edaphologia*, (18): 21-27.

Aoki, J., 1978. New carabodid mites (Acari: Oribatei) from the Bonin Islands. Mem. Nat. Sci. Mus. Tokyo, (11): 81-89.

青木淳一，1979. 小笠原の土壌動物. 動物と自然，9(8): 28-32.

青木淳一，1983. 自然の診断役――土ダニ. 日本放送出版協会，244 頁.

青木淳一，1987. 野外生物学万歳. 採集と飼育，49(7): 282-289.

Aoki, J., 1987. Oribatid mites (Acari Oribatida) from the Tokara Islands, southern Japan. I. *Bull. Biogeogr. Soc. Jpn.*, 42(4): 23-27.

青木淳一，1988. うわべだけの“自然は友達”. 採集と飼育，50(19): 431-435.

Aoki, J., 1988. Oribatid mites (Acari: Oribatida) from the Tokara

［著者略歴］

一九三五年　京都市に生まれる
一九五八年　東京大学農学部卒業
一九六三年　東京大学大学院生物系研究科博士課程修了
ハワイ・ビショップ博物館昆虫研究部研究員、国立科学博物館動物研究部研究官、横浜国立大学環境科学研究センター教授、神奈川県立生命の星・地球博物館館長などを経て、
現　在　横浜国立大学名誉教授、農学博士

［主要著書］

『ダニの話――よみもの動物記』（一九六八年、北隆館）、『土壌動物学』（一九七三年、北隆館）、『きみのそばにダニがいる――日本列島ダニ探し』（一九八九年、ポプラ社）、『日本産土壌動物検索図説』（編、一九九一年、東海大学出版会）、『ダニの生物学』（編、二〇〇一年、東京大学出版会）、『むし学』（二〇一一年、東海大学出版会）ほか多数

博物学の時間
大自然に学ぶサイエンス

二〇一三年九月五日　初　版

検印廃止

著　者　青木淳一《あおきじゅんいち》
発行所　一般財団法人　東京大学出版会
代表者　渡辺　浩
一一三-八六五四　東京都文京区本郷七―三―一　東大構内
電話：〇三―三八一一―八八一四
振替〇〇一六〇―六―五九九六四
印刷所　株式会社　精興社
製本所　矢嶋製本株式会社

ISBN 978-4-13-063338-3 Printed in Japan